中国水旱灾害公报

2018

中华人民共和国水利部

中国水利水电出版社
www.waterpub.com.cn
· 北京 ·

图书在版编目（CIP）数据

中国水旱灾害公报. 2018 / 中华人民共和国水利部编. -- 北京 : 中国水利水电出版社, 2019.7
ISBN 978-7-5170-7981-1

Ⅰ. ①中… Ⅱ. ①中… Ⅲ. ①水灾－公报－中国－2018②干旱－公报－中国－2018 Ⅳ. ①P426.616

中国版本图书馆CIP数据核字(2019)第194664号

责任编辑：李丽艳　刘向杰

审图号：GS（2019）3586号

书　名	中国水旱灾害公报 2018 ZHONGGUO SHUIHAN ZAIHAI GONGBAO 2018
作　者	中华人民共和国水利部
出版发行	中国水利水电出版社 （北京市海淀区玉渊潭南路1号D座 100038） 网址：www.waterpub.com.cn E-mail：sales@waterpub.com.cn 电话：(010) 68367658 (营销中心)
经　售	北京科水图书销售中心(零售) 电话：(010) 88383994 、63202643 、68545874 全国各地新华书店和相关出版物销售网点
排　版	中国水利水电出版社装帧出版部
印　刷	北京博图彩色印刷有限公司
规　格	210mm×285mm　16开本　4.25印张　100千字
版　次	2019年7月第1版　2019年7月第1次印刷
印　数	0001—1500册
定　价	48.00元

《中国水旱灾害公报》编委会

《中国水旱灾害公报》编辑部

目录

一、综述 / 1

二、洪涝灾害 / 15

（一）基本情况 / 15

（二）灾情特点 / 19

（三）主要过程 / 27

三、干旱灾害 / 33

（一）基本情况 / 33

（二）灾情特点 / 34

（三）主要过程 / 40

四、防汛抗旱行动与防灾减灾成效 / 43

（一）防汛抗旱行动 / 43

（二）防灾减灾成效 / 46

附录一 名词解释与指标说明 / 50

（一）洪涝 / 50

（二）干旱 / 52

附录二 1950—2018 年全国水旱灾情统计 / 54

一、综述

2018年，全国平均降水量664毫米，较常年多6%，松辽、太湖、淮河等流域较常年多1～2成。2018年全国降水量等值线图和距平图分别见图1-1和图1-2。5—9月，全国平均降水量490毫米，较常年同期多8%，北方比常年偏多，主要集中在西北、东北地区，南方比常年偏少，其中黄河、松辽、太湖、淮河、海河等流域较常年多1～2成，长江流域较常年少近1成。2018年5—9月全国降水量等值线图和距平图分别见图1-3和图1-4。

2018年，全国主要江河共发生7次编号洪水。其中，长江干流发生2次编号洪水，嘉陵江上游、涪江上游、沱江上游发生特大洪水，大渡河上中游发生大洪水；黄河干流发生3次编号洪水，渭河发生超警戒水位洪水；松花江和淮河流域沭河各发生1次编号洪水。全国有454条河流发生超警戒水位洪水，72条河流发生超保证水位洪水，24条河流发生超历史实测记录洪水。金沙江干流、雅鲁藏布江干流因冰山泥石流先后4次形成堰塞湖。北方江河凌情平稳。全年西北太平洋（含南海）共生成29个台风（含热带风暴，下同），有10个登陆我国。201810号强热带风暴“安比”、201812号热带风暴“云雀”和201818号热带风暴“温比亚”26天内接连登陆上海，为1949年以来首次；201810号强热带风暴“安比”、201814号强热带风暴“摩羯”和201818号热带风暴“温比亚”登陆后均北上，给华东、华北、东北等地带来强降雨。北方冬麦区和东北部分地区发生春旱，东北和长江中游部分地区、内蒙古中西部地区发生夏伏旱。

2018年，全国水旱灾害总体偏轻，局部较重。全国31省（自治区、直辖市）发生不同程度洪涝灾害，因洪涝受灾人口、死亡人口、农作物受灾面积、倒塌房屋、直接经济损失占当年GDP的百分比等主要洪涝灾害指标分别比2008—2017年的平均值少49.4%、77.1%、30.4%、85.9%、56.1%，因洪涝死亡失踪人数为1949年以来最低，因洪涝直接经济损失占当年GDP的百分比为1990年有统计数据以来最低。四川、山东、广东、甘肃、内蒙古、云南6省（自治区）洪涝灾害较重，直接经济损失占全国的70.2%。2018年全国洪涝灾害分布图见图1-5。全国25省（自治区、直辖市）发生干旱灾害（北京、天津、上海、浙江、海南、新疆未受灾），因旱作物受灾面积、粮食损失、经济作物损失、饮水困难人口分别比2008—2017年的平均值少44.7%、17.5%、66.4%、81.5%，因旱直接经济损失占当年GDP的百分比与2017年持平，为2006年有统计数据以来最低。内蒙古、辽宁、吉

注：（1）本公报数据未包括香港特别行政区、澳门特别行政区和台湾省统计数据；新疆生产建设兵团统计数据计入新疆维吾尔自治区统计数据；（2）本公报2018年数据统计时限为1月1日至12月31日，洪涝和干旱灾害直接经济损失统计数据起始年份分别为1990年和2006年；（3）本公报所采用的计量单位部分沿用水利统计惯用单位，未进行调整；（4）本公报部分图片经应急管理部国家减灾中心授权使用；（5）本公报所采用的水文数据来源于《全国水情年报2018》。

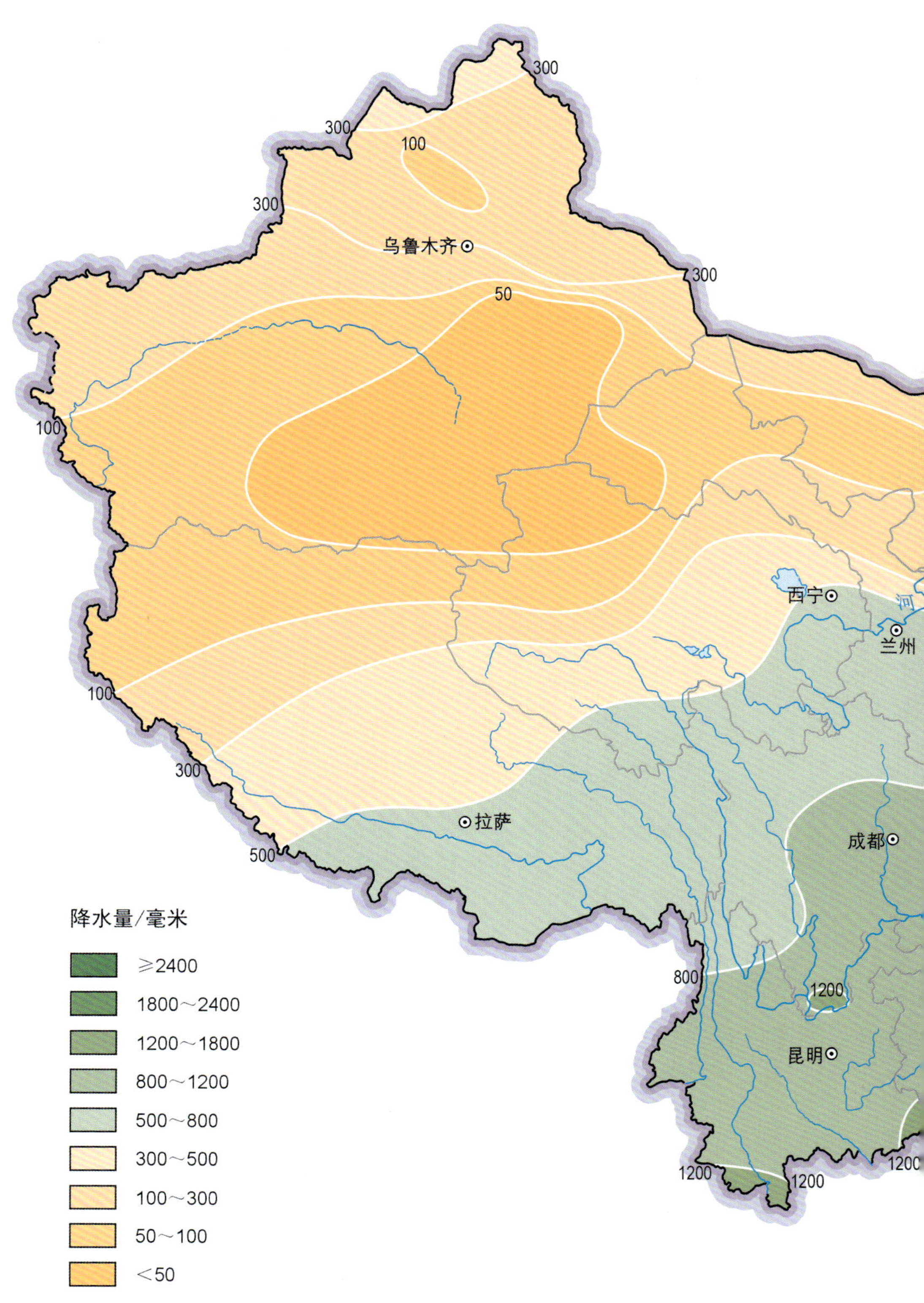

注：香港特别行政区、澳门特别行政区、台湾省资料暂缺。

图 1-1　2018 年

500
800
800
哈尔滨
800
300
长春
沈阳
800
呼和浩特
北京
800
天津
渤 海
500
太原
石家庄
河
济南
800
黄 海
黄
郑州
江
1200
合肥
南京
上海
1800
江
武汉
长
杭州
东 海
1800
南昌
长沙
1200
钓鱼岛
赤尾屿
福州
台北
1800
台
湾
1200
1200
海
峡
台湾岛
广州
1800
兰屿
宁
香港
澳门
2400
东沙群岛
海口
2400
南 海
海南岛
1800
南宁
广州
香港
澳门
台湾岛
海口
东沙群岛
海南岛
西沙群岛
南
永兴岛
中 沙 群 岛
黄岩岛
海
南
沙
群
岛
曾母暗沙
南海诸岛

量等值线图

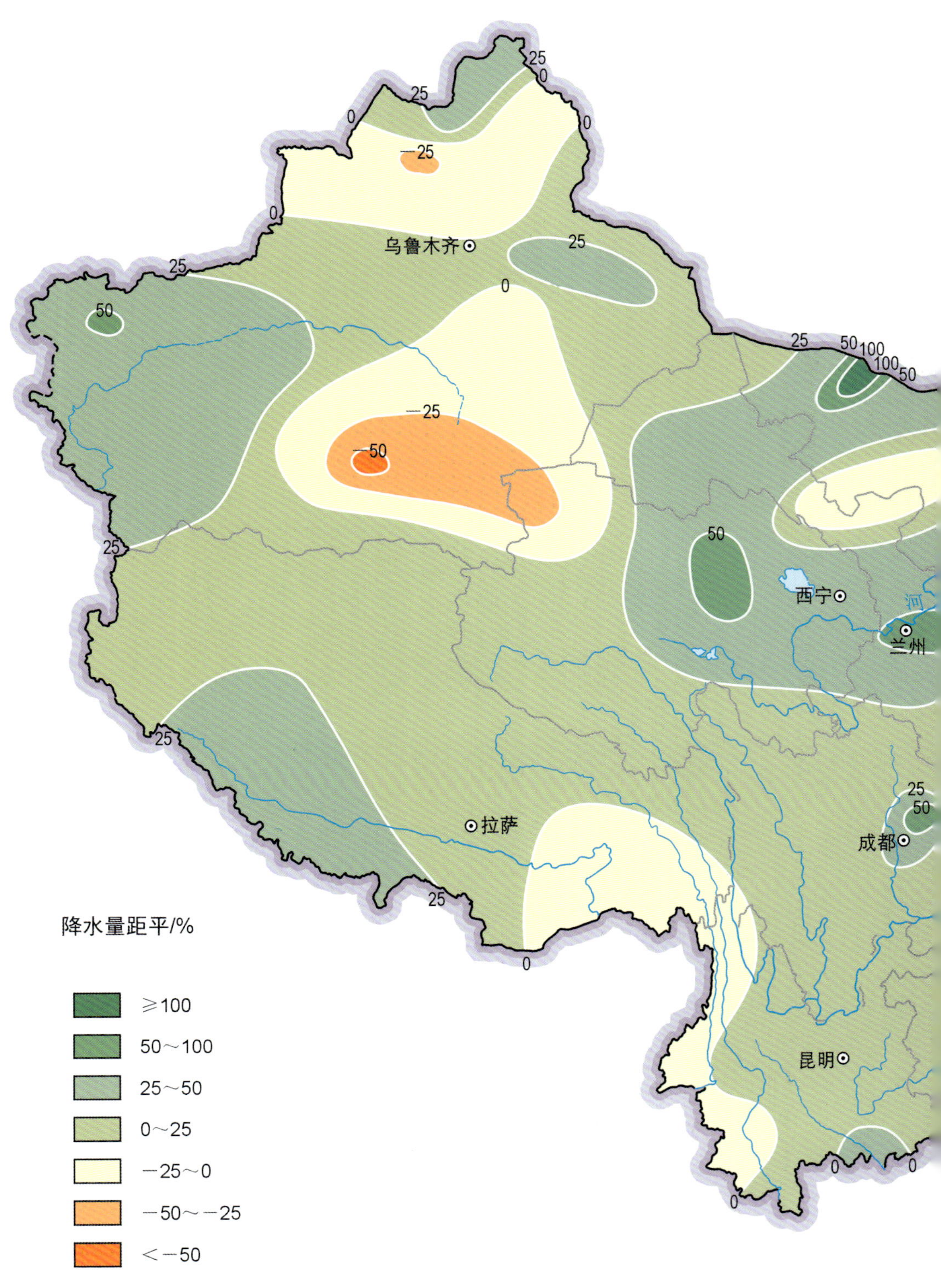

注：香港特别行政区、澳门特别行政区、台湾省资料暂缺。

图 1-2　2018 年

哈尔滨
长春
沈阳
呼和浩特
北京
天津
渤海
太原
石家庄
济南
黄河
黄海
郑州
合肥
南京
上海
杭州
武汉
长江
东海
南昌
长沙
福州
钓鱼岛
赤尾屿
台北
台湾海峡
台湾岛
兰屿
广州
香港
澳门
东沙群岛
海口
海南岛
南海
南宁
台湾岛
东沙群岛
海南岛
西沙群岛
永兴岛
中沙群岛
黄岩岛
南沙群岛
曾母暗沙
南海诸岛

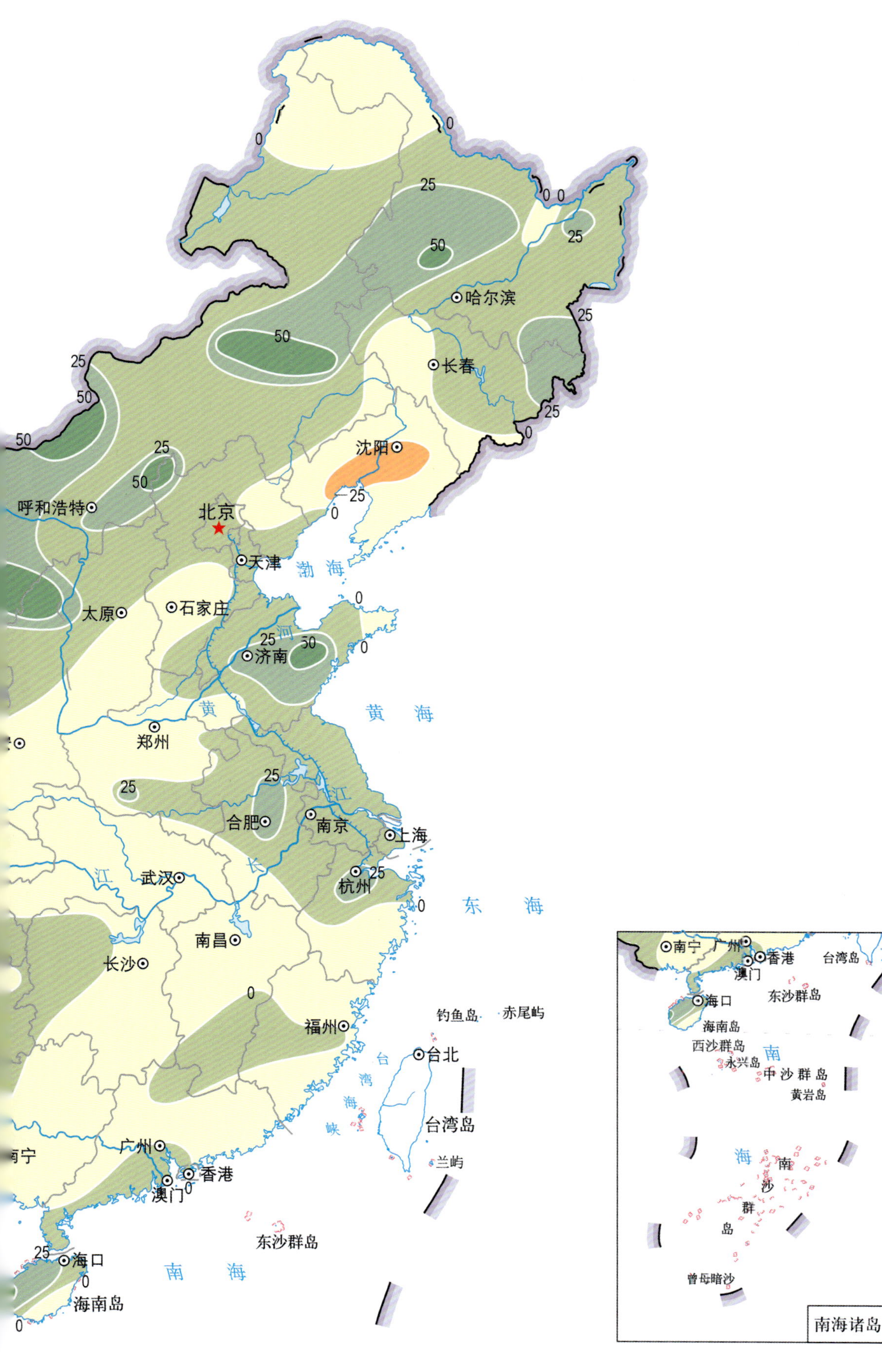

量距平图

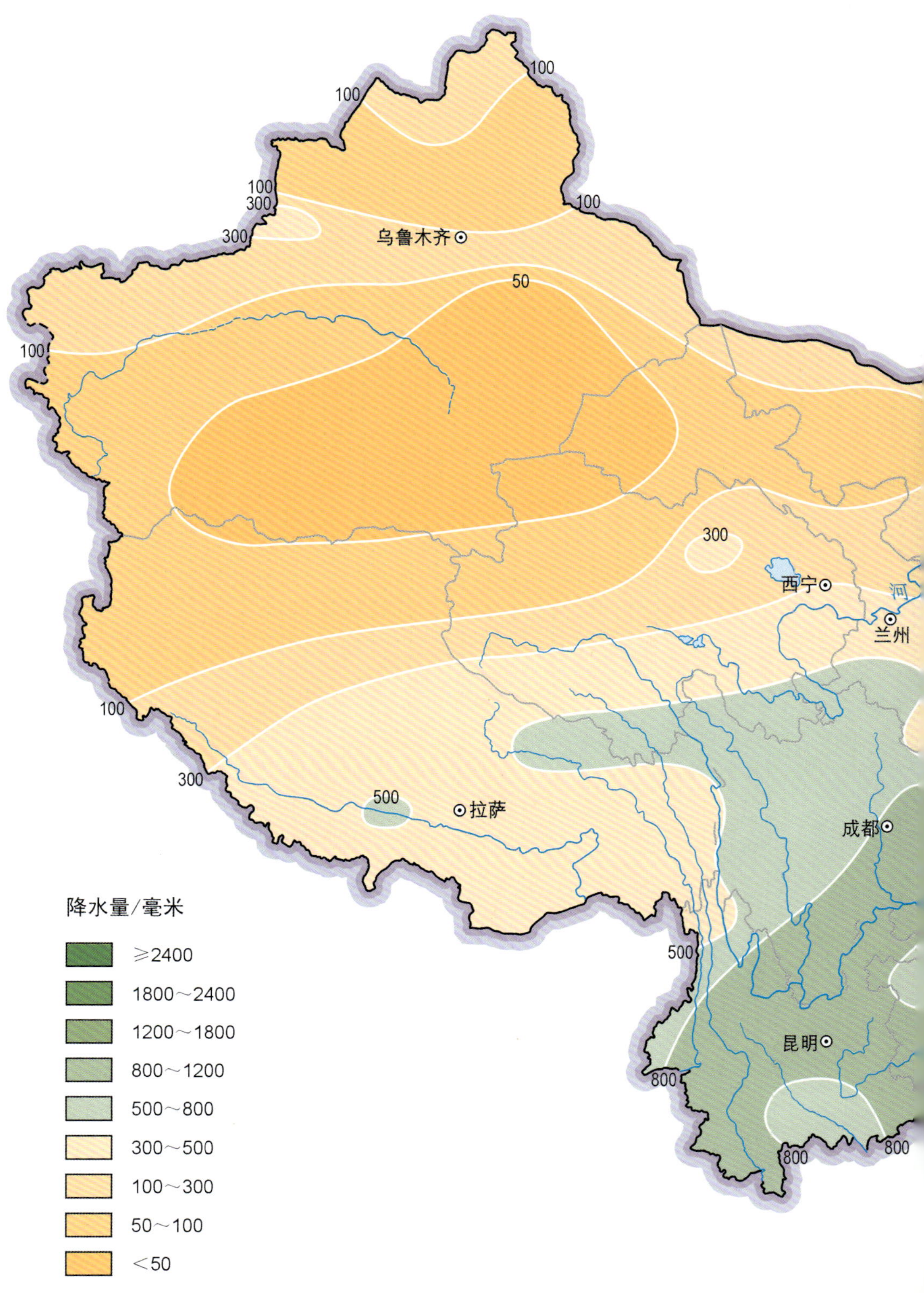

注：香港特别行政区、澳门特别行政区、台湾省资料暂缺。

图 1-3　2018 年 5–

哈尔滨
长春
沈阳
呼和浩特
北京
天津
石家庄
太原
济南
郑州
合肥
南京
上海
杭州
武汉
南昌
长沙
福州
台北
台湾岛
广州
香港
澳门
海口
海南岛
钓鱼岛
赤尾屿
兰屿
东沙群岛
渤海
黄海
东海
南海
台湾海峡
黄河
长江
300
500
800
1200
1800
南海诸岛
南宁
台湾岛
东沙群岛
西沙群岛
永兴岛
中沙群岛
黄岩岛
南沙群岛
曾母暗沙

降水量等值线图

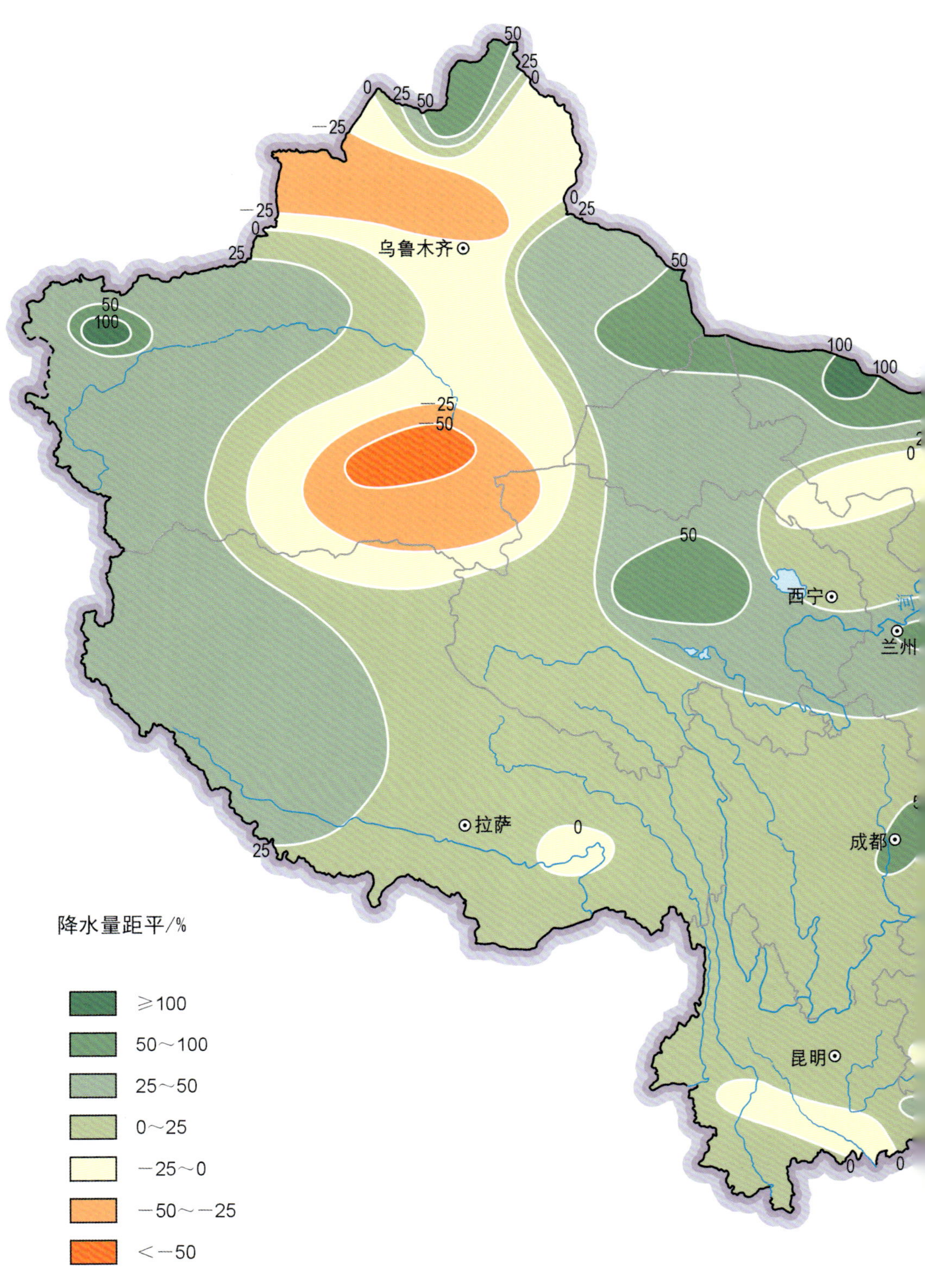

注：香港特别行政区、澳门特别行政区、台湾省资料暂缺。

图 1-4　2018 年 5-

哈尔滨
长春
沈阳
呼和浩特
北京
天津
渤海
石家庄
太原
济南
郑州
黄海
合肥
南京
上海
杭州
武汉
东海
南昌
长沙
福州
钓鱼岛
赤尾屿
台北
台湾海峡
台湾岛
兰屿
广州
香港
澳门
海口
海南岛
东沙群岛
南海
南宁
广州
香港
澳门
台湾岛
海口
东沙群岛
海南岛
西沙群岛
永兴岛
中沙群岛
黄岩岛
南海
南沙群岛
曾母暗沙
南海诸岛

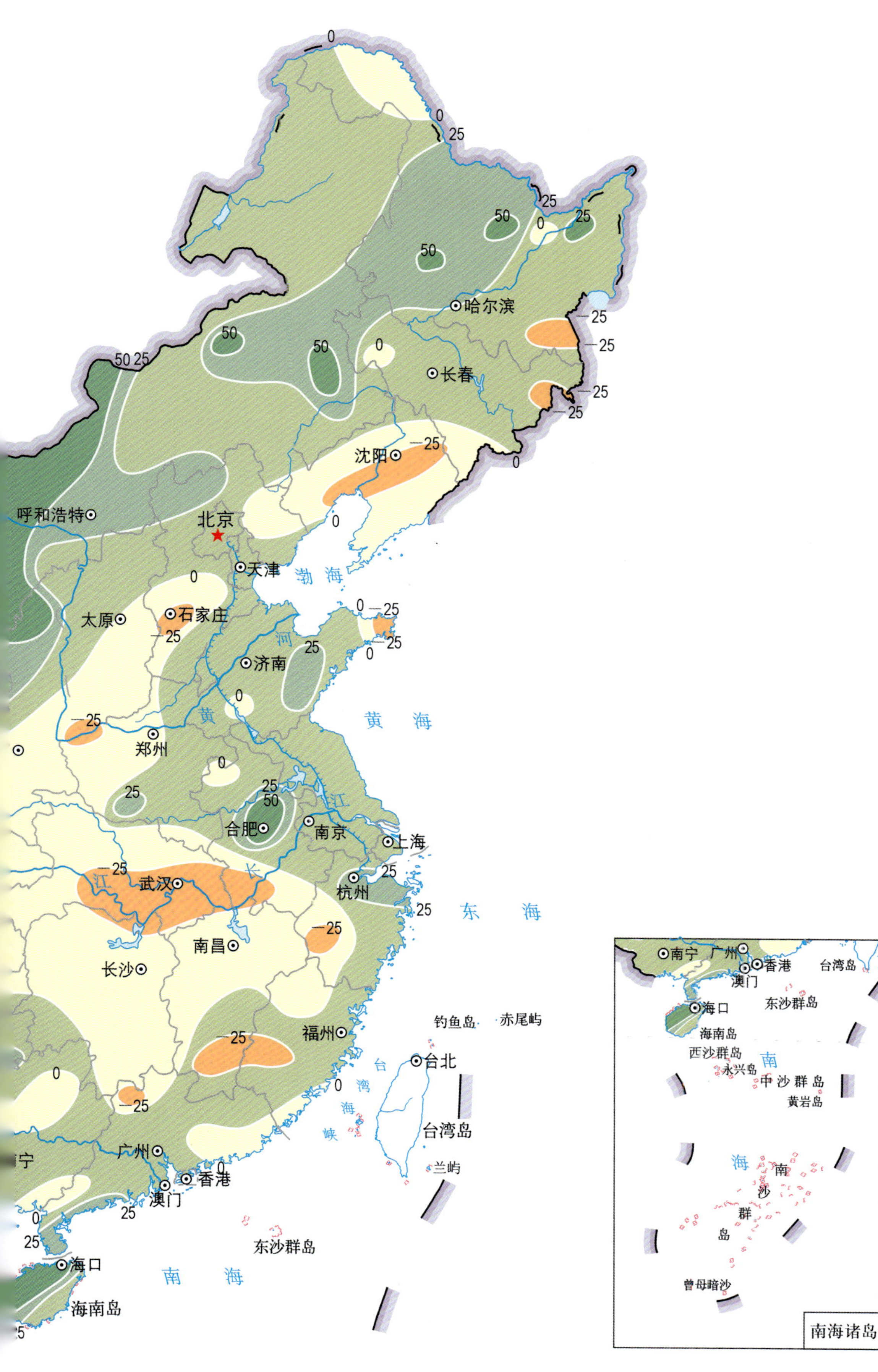

降水量距平图

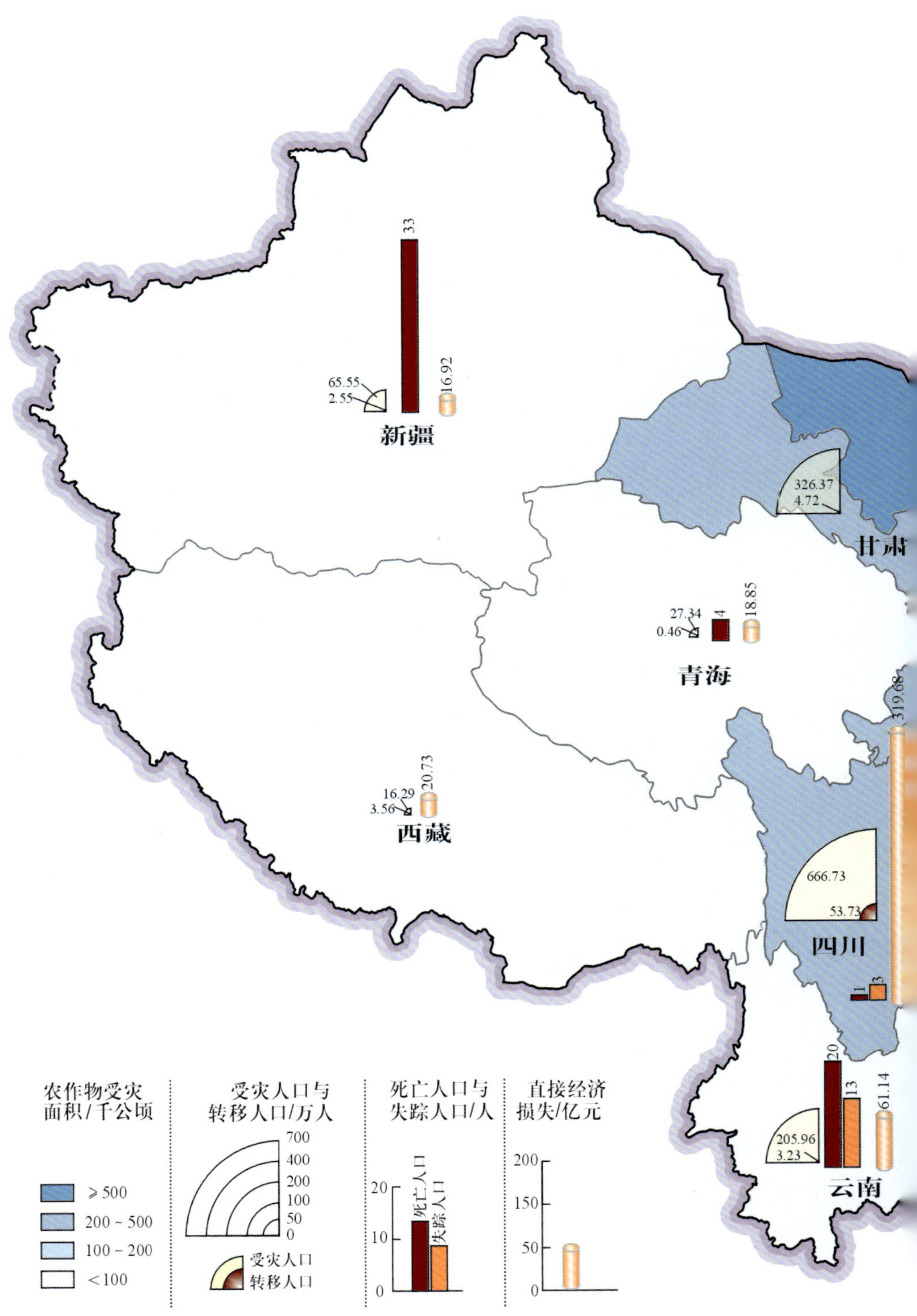

注：香港特别行政区、澳门特别行政区、台湾省资料暂缺。

图 1-5　2018 年

黑龙江
吉林
内蒙古
辽宁
北京
天津
河北
山西
山东
河南
陕西
江苏
安徽
上海
湖北
浙江
江西
湖南
福建
广西
广东
香港
澳门
海南
海南岛
渤海
黄海
东海
南海
台湾
台湾岛
台湾海峡
钓鱼岛
赤尾屿
兰屿
东沙群岛
南海诸岛
1:44 000 000

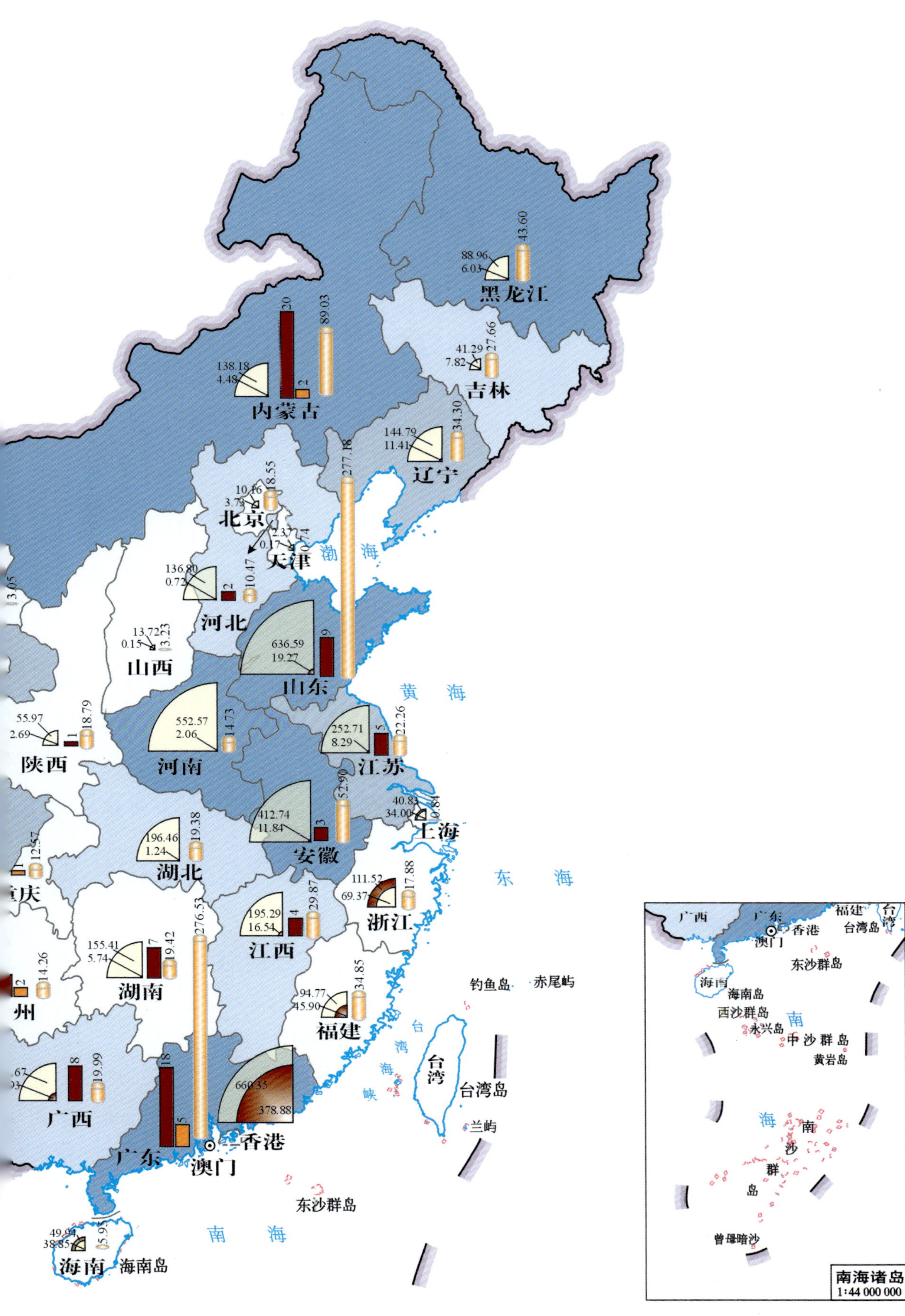

灾害分布图

注：香港特别行政区、澳门特别行政区、台湾省资料暂缺。

图 1-6　2018 年

黑龙江
吉林
辽宁
内蒙古
北京
天津
河北
山西
山东
河南
江苏
上海
安徽
湖北
浙江
湖南
江西
福建
台湾
广东
香港
澳门
渤海
黄海
东海
南海
台湾海峡
钓鱼岛
赤尾屿
台湾岛
兰屿
东沙群岛
海南岛
南海诸岛
1:44 000 000

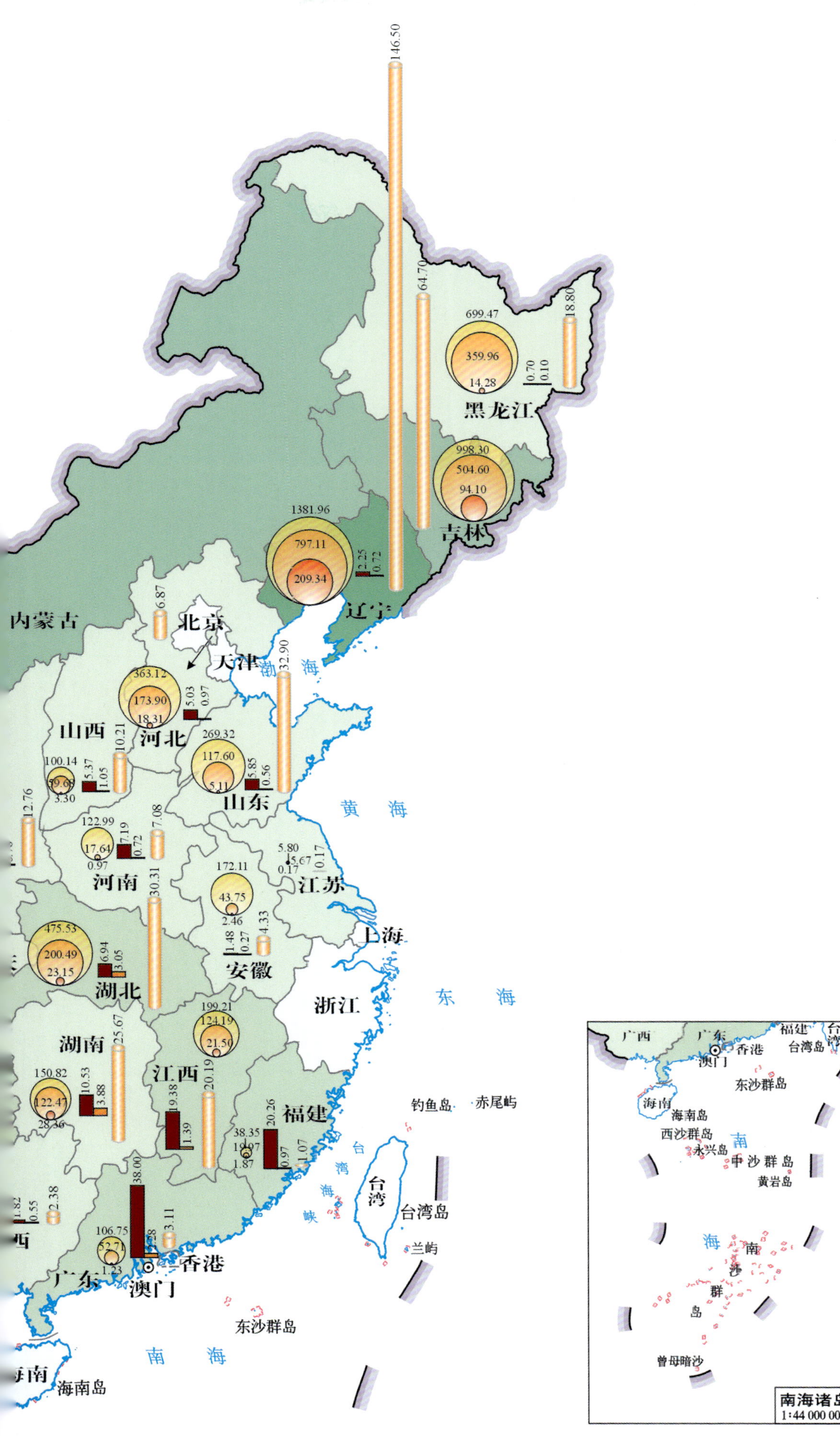

灾害分布图

林、黑龙江 4 省（自治区）干旱灾害较重，因旱作物受灾面积占全国的 65.6%。2018 年全国干旱灾害分布图见图 1–6。

在党中央、国务院的坚强领导下，水利部以及地方各级水利部门按照“两个坚持、三个转变”防灾减灾理念，精心组织、科学应对，有力保障了人民群众生命安全、重要设施安全和城乡供水安全，最大限度地减轻了水旱灾害损失，保障了经济社会平稳健康发展。

二、洪涝灾害

（一）基本情况

2018年，全国31省（自治区、直辖市）2149县（市、区）19515乡（镇）遭受洪涝灾害，受灾人口5576.55万人，因灾死亡187人、失踪32人，紧急转移836.25万人，倒塌房屋8.51万间，83座城市进水受淹或发生内涝，直接经济损失1615.47亿元，占当年GDP的0.18%。全国和各省（自治区、直辖市）因洪涝受灾人口、死亡人口、失踪人口及直接经济损失统计见表2-1。

表2-1　因洪涝受灾人口、死亡人口、失踪人口及直接经济损失统计表

地区	受灾人口/万人	死亡人口/人	失踪人口/人	直接经济损失/亿元	地区	受灾人口/万人	死亡人口/人	失踪人口/人	直接经济损失/亿元
全国	5576.55	187	32	1615.47	河南	552.57			14.73
北京	10.16			18.55	湖北	196.46			19.38
天津	2.37			0.74	湖南	155.41	7		19.42
河北	136.80	2		10.47	广东	660.35	18	5	276.53
山西	13.72			3.23	广西	166.67	8		19.99
内蒙古	138.18	20	2	89.03	海南	38.85			5.95
辽宁	144.79			34.30	四川	666.73	1	3	319.68
吉林	41.29			27.66	重庆	76.64		1	12.57
黑龙江	88.96			43.60	贵州	86.74	5	2	14.26
上海	34.00			0.84	云南	205.96	20	13	61.14
江苏	252.71	5		22.26	西藏	16.29			20.73
浙江	69.37			17.88	陕西	55.97	1		18.79
安徽	412.74	3		52.90	甘肃	326.37	47	6	110.12
福建	94.77			34.85	青海	27.34	4		18.85
江西	195.29	4		29.87	宁夏	6.91			3.05
山东	636.59	9		277.18	新疆	65.55	33		16.92

注：表中空白栏表示无灾情。

1. 农业受灾情况

全国因洪涝农作物受灾面积6426.98千公顷，其中成灾面积3131.16千公顷、绝收

面积 691.60 千公顷，因灾粮食减产 121.30 亿公斤，经济作物损失 166.66 亿元，大牲畜死亡 278.83 万头，水产养殖损失 37.62 亿公斤，农林牧渔业直接经济损失 657.71 亿元。全国和各省（自治区、直辖市）因洪涝农作物受灾面积、成灾面积、绝收面积及因灾粮食减产、经济作物损失统计见表 2-2。

表 2-2　因洪涝农作物受灾面积、成灾面积、绝收面积及因灾粮食减产、经济作物损失统计表

地区	农作物受灾面积 / 千公顷	农作物成灾面积 / 千公顷	农作物绝收面积 / 千公顷	因灾粮食减产 / 亿公斤	经济作物损失 / 亿元
全国	6426.98	3131.16	691.60	121.30	166.66
北京	1.96	1.01	0.32	0.02	0.91
天津	6.28	2.53	0.72	0.12	0.35
河北	177.24	106.78	20.61	3.82	0.42
山西	14.19	7.46	1.38	0.21	0.06
内蒙古	607.06	411.52	104.18	6.31	8.31
辽宁	226.97	172.78	20.86	6.53	8.84
吉林	104.37	69.99	16.13		1.96
黑龙江	925.85	526.22	127.84	6.98	2.89
上海	4.61	0.51			0.61
江苏	289.31	101.57	26.36	4.86	1.63
浙江	47.41	18.96	2.12	0.38	3.98
安徽	501.22	255.88	59.01	5.24	1.79
福建	38.98	13.63	2.80	0.51	6.62
江西	154.60	90.25	21.85	3.12	4.83
山东	814.42	408.75	70.71	8.53	34.56
河南	537.21	95.31	1.11	40.00	1.28
湖北	140.01	50.21	14.28	1.78	3.08
湖南	84.73	37.52	8.33	1.74	2.24
广东	592.65	156.59	30.67	5.66	37.49
广西	197.74	55.19	8.02	1.21	5.15
海南	23.48	12.89	2.77	0.09	0.63
四川	396.35	197.62	52.30	5.36	18.29
重庆	30.68	21.17	7.11		0.06
贵州	54.95	27.51	5.63	0.12	1.20
云南	93.65	50.33	17.10	0.63	8.46
西藏	10.48	5.96	2.38	0.02	1.38
陕西	44.39	28.60	15.35	1.74	2.33
甘肃	247.21	167.22	38.08	0.33	6.05

表 2-2 （续）

地区	农作物受灾面积 / 千公顷	农作物成灾面积 / 千公顷	农作物绝收面积 / 千公顷	因灾粮食减产 / 亿公斤	经济作物损失 / 亿元
青海	14.02	11.50	4.76		
宁夏	18.44	15.09	6.59	0.22	0.13
新疆	26.52	10.61	2.23	15.77	1.13

注：表中空白栏表示无灾情。

2. 工业和交通运输业受灾情况

全国因洪涝停产工矿企业 71402 个，铁路中断 101 条次，公路中断 48179 条次，机场、港口临时关停 263 个次，供电线路中断 13720 条次，通信中断 68293 条次。全国和各省（自治区、直辖市）工业和交通运输业受灾统计见表 2-3。

表 2-3 工业和交通运输业受灾统计表

地区	停产工矿企业 / 个	铁路中断 / 条次	公路中断 / 条次	机场、港口临时关停 / 个次	供电线路中断 / 条次	通信中断 / 条次
全国	71402	101	48179	263	13720	68293
北京			339		38	151
天津			17			
河北	77	9	71		7	
山西			81		8	9
内蒙古	74	4	777	4	160	328
辽宁			519		30	2227
吉林	52		695		29	10
黑龙江	31	1	260		116	496
上海		23		24	152	
江苏	45		28		90	
浙江	3596	1	305	2	585	19
安徽	3		264		184	38
福建	698		304		814	1243
江西	102		1059		391	1567
山东	416		271		75	439
河南			154		221	18
湖北	134		1414		180	43
湖南	125		2328		446	356
广东	64554	12	2144	211	6331	56643
广西	205		1169		897	579

表 2-3 （续）

地区	停产工矿企业 / 个	铁路中断 / 条次	公路中断 / 条次	机场、港口临时关停 / 个次	供电线路中断 / 条次	通信中断 / 条次
海南		24	219	22	36	23
四川	1109	9	15119		2225	3501
重庆	9		40		31	1
贵州	29	7	7184		104	14
云南	40	6	5238		119	46
西藏	22		802		42	76
陕西	32	1	534		119	84
甘肃	42	2	6627		251	217
青海	7		106		32	4
宁夏			25			
新疆		2	86		7	161

注：表中空白栏表示无灾情。

3. 水利设施受灾情况

全国因洪涝损坏大中型水库 18 座、小型水库 510 座、堤防 32440 处计 5369.47 公里、塘坝 16924 座、护岸 18856 处、水闸 3210 座、灌溉设施 73005 处、水文测站 1342 个、机电井 20156 眼、机电泵站 4452 座、水电站 187 座，有 2 座水库（新疆哈密市射月沟水库，小型；内蒙古乌拉特前旗增隆昌水库，中型）因超标准洪水垮坝和副坝决口，水利设施损失 257.98 亿元。全国和各省（自治区、直辖市）水利设施受灾统计见表 2-4。

表 2-4　水利设施受灾统计表

地区	损坏水库		损坏堤防		损坏水闸 / 座	水利设施损失 / 亿元
	大中型 / 座	小型 / 座	处数 / 处	长度 / 公里		
全国	18	510	32440	5369.47	3210	257.98
北京			2	0.02	11	8.09
天津			3	0.43		0.18
河北		1	1943	220.00	12	1.48
山西		11	125	19.04	6	0.93
内蒙古	3	18	11963	362.64	70	7.51
辽宁			371	88.38	65	5.71
吉林			1044	358.50	13	15.85
黑龙江	5	22	194	97.56	72	4.95

表 2-4 （续）

地区	损坏水库		损坏堤防		损坏水闸 / 座	水利设施损失 / 亿元
	大中型 / 座	小型 / 座	处数 / 处	长度 / 公里		
上海						
江苏			16	7.14	395	2.68
浙江			395	29.30	27	2.07
安徽		5	289	26.78	131	3.28
福建			590	64.66	56	5.77
江西		2	380	52.19	252	9.95
山东	2	155	1506	397.83	232	15.82
河南		3	172	16.39	350	1.28
湖北		5	567	67.43	41	3.35
湖南		2	807	108.12	156	4.95
广东	2	56	2537	543.38	621	43.06
广西		17	921	118.52	181	6.48
海南	1	9	105	10.60	28	2.01
四川	1	171	2903	745.28	215	57.48
重庆		5	37	8.05	5	2.11
贵州		1	90	34.76		1.72
云南		11	973	311.97	37	7.64
西藏			939	319.08	10	6.01
陕西			454	121.74	5	3.01
甘肃	1	5	2537	811.38	40	20.31
青海		6	221	135.95	1	9.13
宁夏		2	111	91.38	55	2.04
新疆	3	3	245	200.97	123	3.13

注：表中空白栏表示无灾情。

（二）灾情特点

1. 洪涝灾害损失总体偏轻，死亡人口为 1949 年以来最少

2018 年，全国因洪涝受灾人口、死亡人口、农作物受灾面积、倒塌房屋、直接经济损失占当年 GDP 的百分比等主要洪涝灾害指标分别比 2008—2017 年的平均值少 49.4%、77.1%、30.4%、85.9%、56.1%，其中，因洪涝死亡人口为 1949 年以来最少。2008—2018 年主要洪涝灾害指标统计情况分别见图 2-1 至图 2-5。

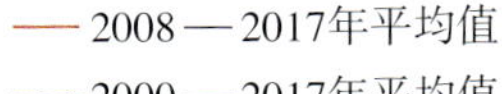

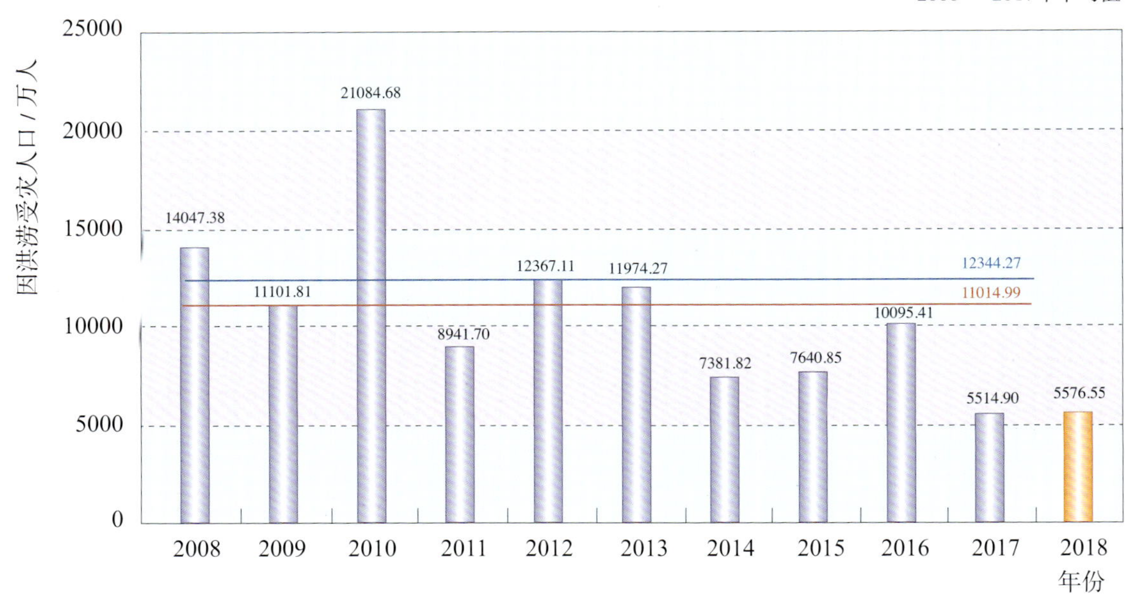

图 2-1　2008—2018 年全国因洪涝受灾人口统计

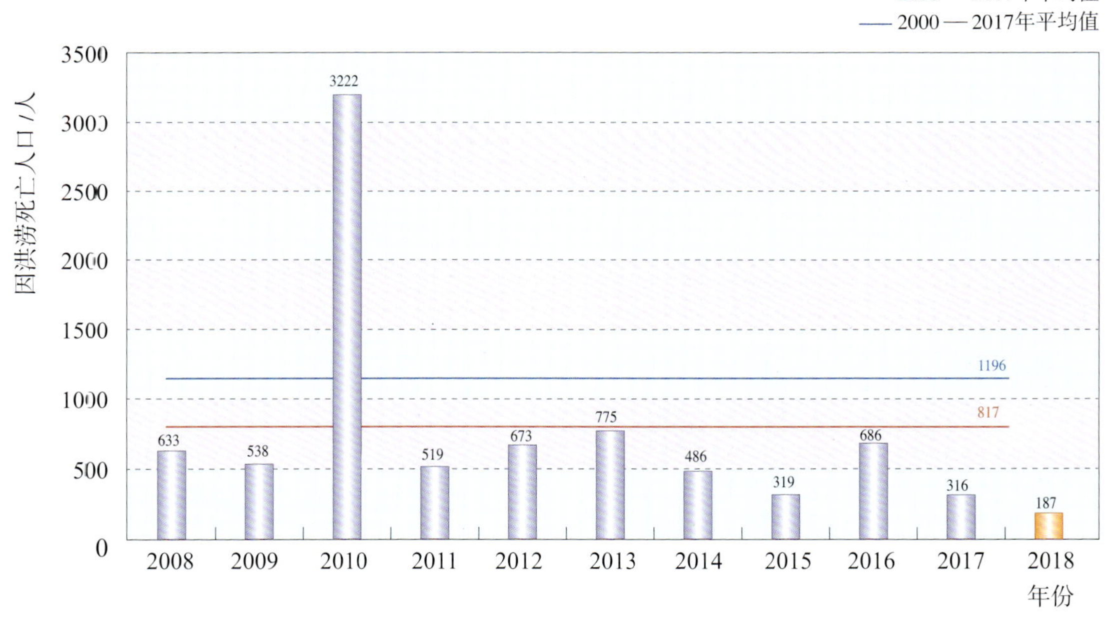

图 2-2　2008—2018 年全国因洪涝死亡人口统计

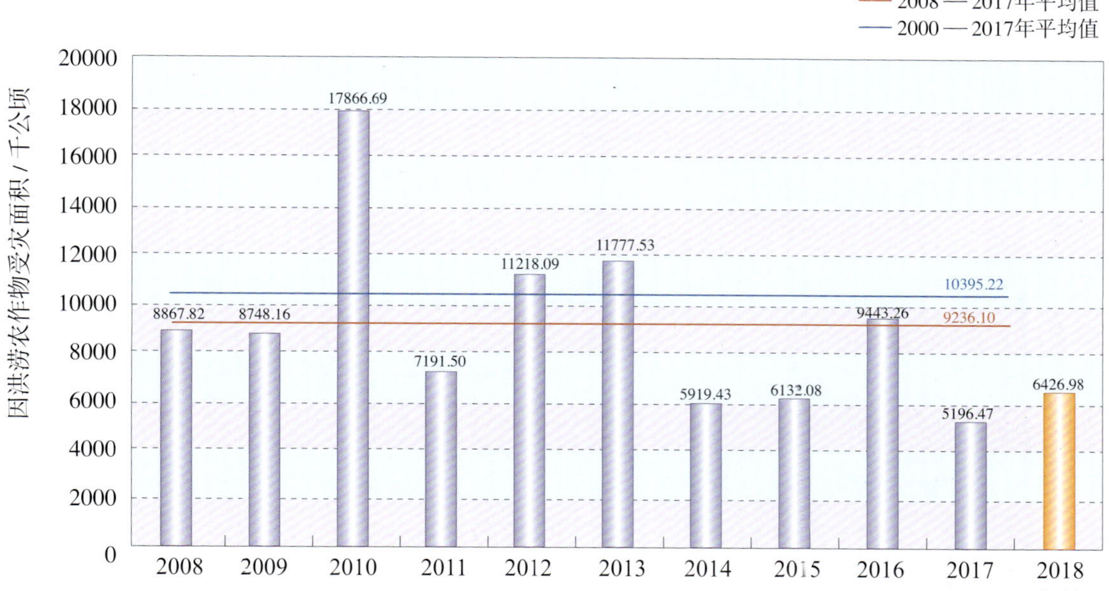

图 2-3　2008—2018 年全国因洪涝农作物受灾面积统计

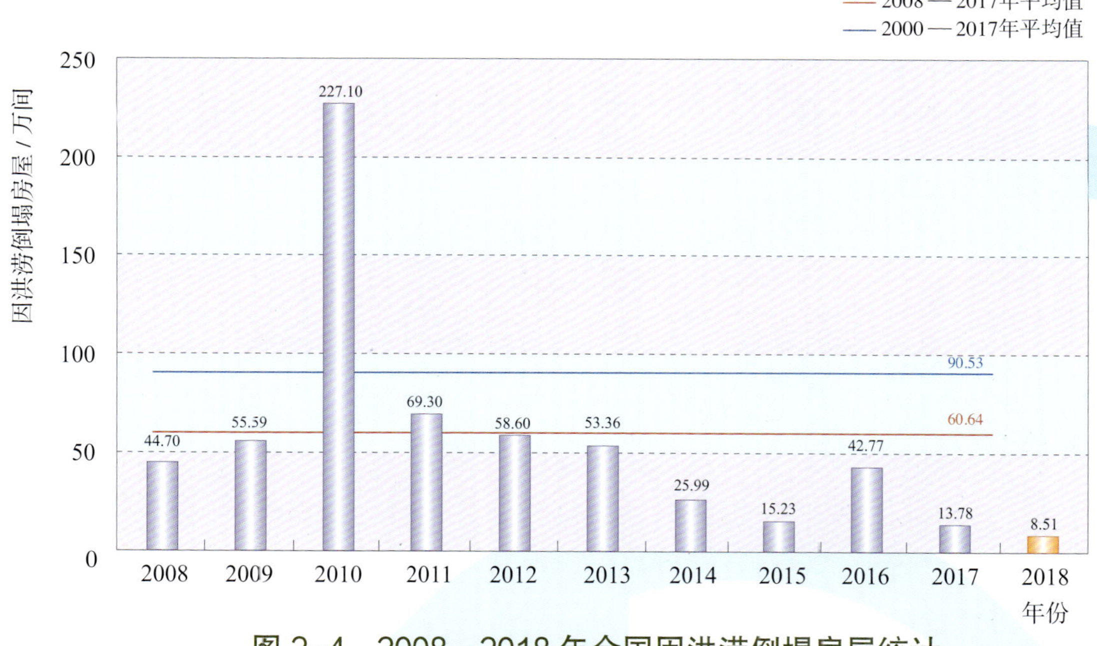

图 2-4　2008—2018 年全国因洪涝倒塌房屋统计

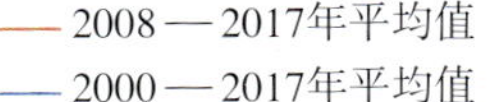

图 2-5　2008—2018 年全国因洪涝直接经济损失占当年 GDP 的百分比

2. 部分地区灾害损失重

2018 年，全国 31 省（自治区、直辖市）遭受不同程度洪涝灾害，甘肃、云南、新疆、广东、内蒙古 5 省（自治区）因灾死亡、失踪 164 人，占全国的 74.9%。四川、山东、广东、甘肃、内蒙古、云南 6 省（自治区）因洪涝直接经济损失 1133.68 亿元，占全国的 70.2%。2018 年全国因洪涝死亡、失踪人口分布和直接经济损失分布分别见图 2-6 和图 2-7。

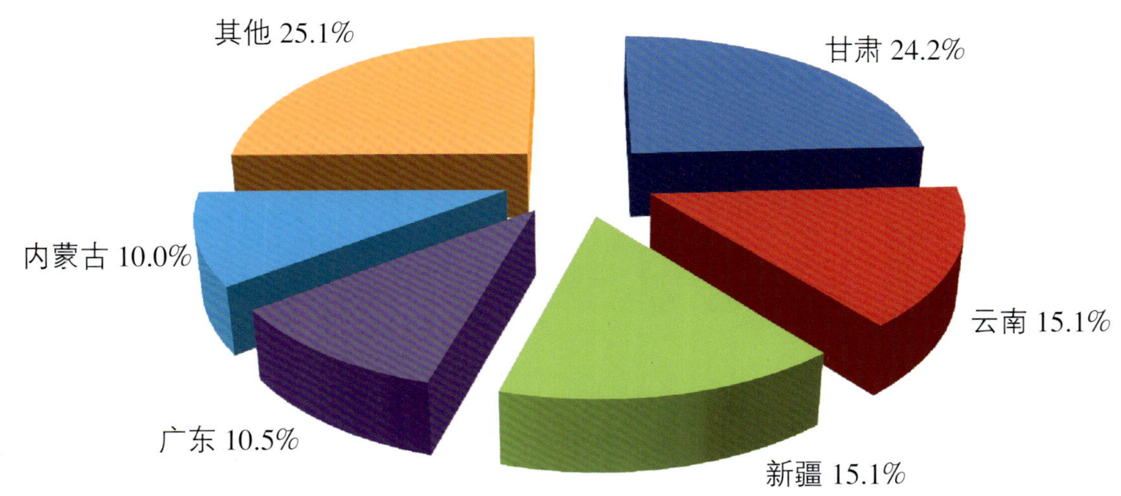

图 2-6　2018 年全国因洪涝死亡、失踪人口分布

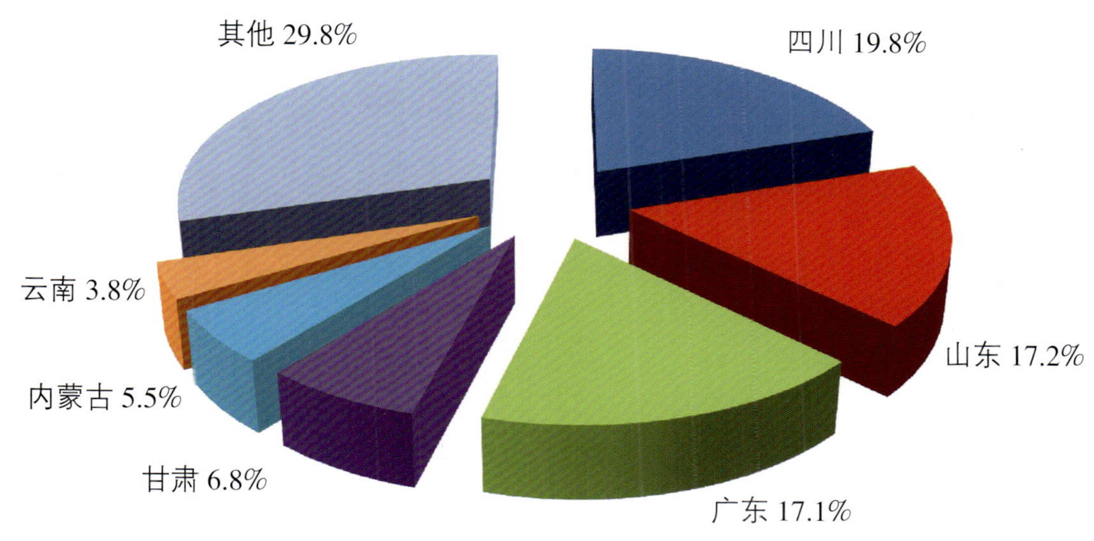

图 2-7　2018 年全国因洪涝直接经济损失分布

3. 台风登陆多，影响范围广

2018年，共有10个台风登陆我国，登陆个数为1994年以来最多。201804号热带风暴“艾云尼”在广东省和海南省登陆3次，影响时间长；201810号强热带风暴“安比”、201814号强热带风暴“摩羯”、201818号热带风暴“温比亚”在1个月内相继登陆华东并深入内陆影响华北、东北等地，历史罕见，其中“温比亚”是2018年致灾最重的台风，在陆上维持时间达73小时；201822号强台风“山竹”以14级强度登陆广东省，台风风力之强、潮位和海浪之高极为罕见，是2018年登陆我国的最强台风。2018年登陆我国台风基本情况见表2-5。台风带来的强风暴雨造成北京、河北、辽宁、吉林、黑龙江、上海、江苏、浙江、安徽、福建、江西、山东、河南、湖南、广东、广西、海南、贵州、云南19省（自治区、直辖市）受灾，受灾人口2678.09万人，因灾死亡36人、失踪3人，农作物受灾面积3319.57千公顷，直接经济损失673.86亿元。其中，201818号热带风暴“温比亚”造成辽宁、吉林、上海、江苏、浙江、安徽、山东、河南8省（直辖市）受灾，受灾人口1577.64万人，因灾死亡17人，农作物受灾面积1873.35千公顷，直接经济损失323.85亿元。2018年登陆我国台风的路径和致灾情况分别见图2-8和图2-9。

表 2-5　2018 年登陆我国台风基本情况表

序号	编号	名称	登陆级别	登陆情况				主要影响区域
				时间	地点	风力 / 级	风速 /（米 / 秒）	
1	201804	艾云尼	热带风暴	6 月 6 日 06:25	广东湛江市徐闻县	8	20	福建、江西、湖南、广东、广西、海南
				6 月 6 日 14:50	海南海口市	8	18	
				6 月 7 日 20:30	广东阳江市	8	20	
2	201808	玛莉亚	强台风	7 月 11 日 09:10	福建连江县黄岐半岛	14	42	浙江、福建、江西
3	201809	山神	热带风暴	7 月 18 日 04:50	海南万宁市万城镇	9	23	广西、海南、云南
4	201810	安比	强热带风暴	7 月 22 日 12:30	上海崇明岛	10	28	北京、河北、辽宁、吉林、黑龙江、上海、江苏、浙江、山东
5	201812	云雀	热带风暴	8 月 3 日 10:30	上海金山区	9	23	上海、浙江
6	201814	摩羯	强热带风暴	8 月 12 日 23:35	浙江温岭市	10	28	河北、辽宁、吉林、上海、江苏、安徽、山东
7	201816	贝碧嘉	热带风暴	8 月 15 日 21:40	广东雷州市东里镇	9	23	湖南、广东、广西、海南
8	201818	温比亚	热带风暴	8 月 17 日 04:05	上海浦东新区	9	20	辽宁、吉林、上海、江苏、浙江、安徽、山东、河南
9	201822	山竹	强台风	9 月 16 日 17:00	广东台山市海宴镇	14	45	江苏、浙江、福建、广东、广西、海南、贵州、云南
10	201823	百里嘉	强热带风暴	9 月 13 日 08:30	广东湛江市坡头一带	10	25	广东、海南、广西

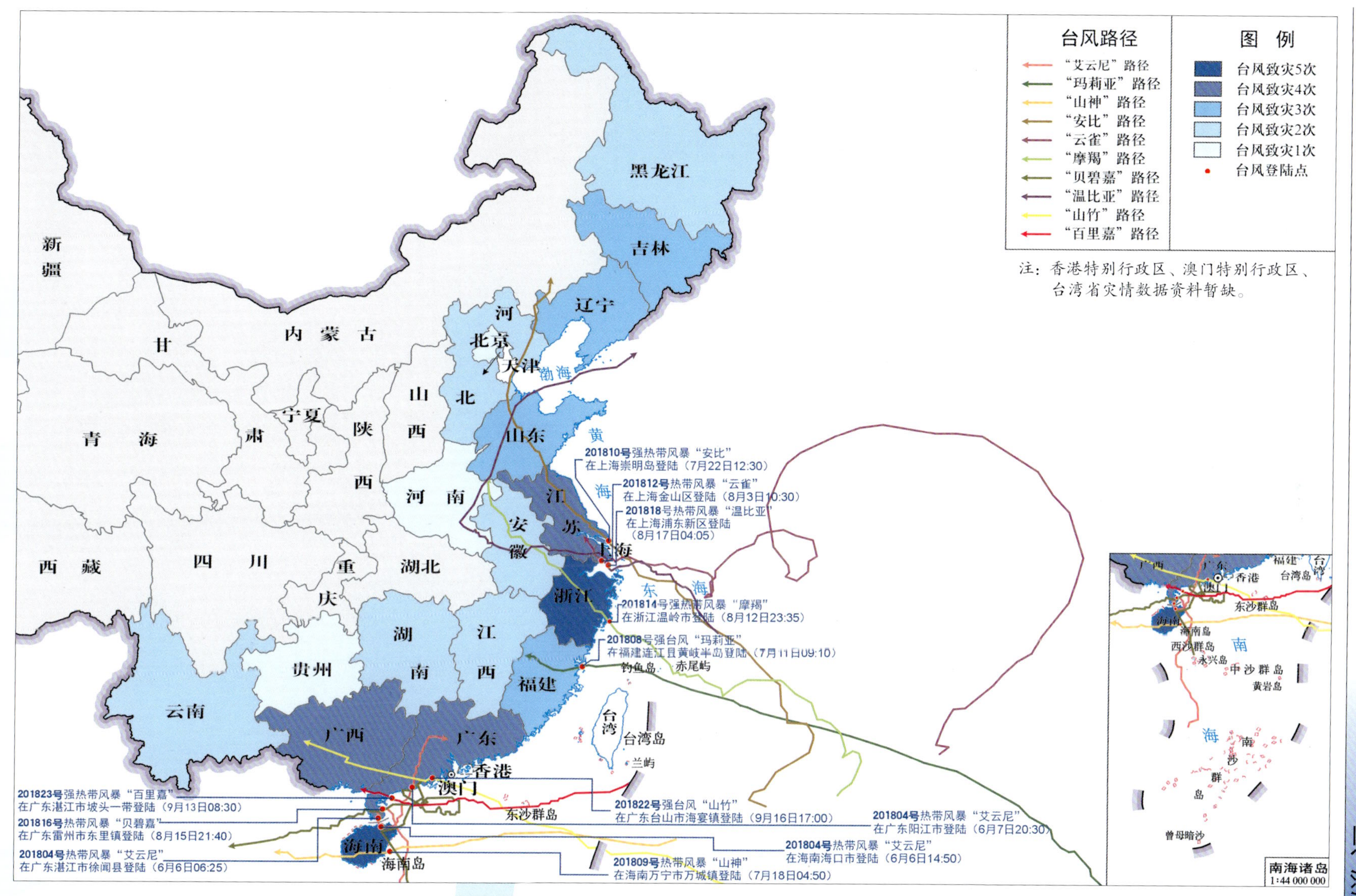

图 2-8　2018 年登陆我国台风的路径情况

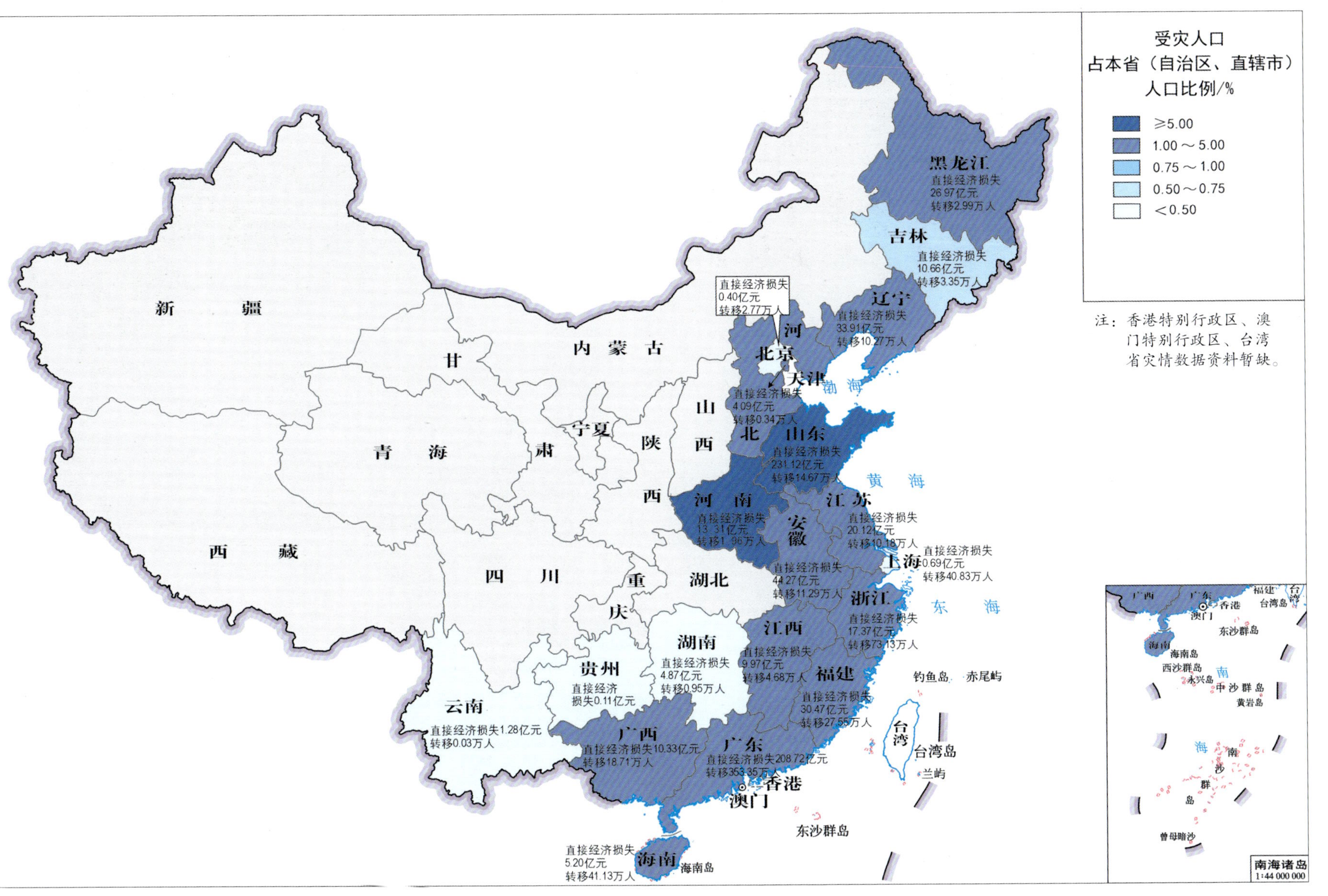

图 2-9　2018 年登陆我国台风的致灾情况

（三）主要过程

1. 6月上旬201804号热带风暴“艾云尼”灾害

201804号热带风暴“艾云尼”6月5日8时在南海生成，6月6日6时25分前后在广东湛江市徐闻县沿海登陆，登陆时风力8级（风速20米每秒）、气压995百帕；14时50分前后在海南海口市沿海第二次登陆，登陆时风力8级（风速18米每秒）、气压995百帕；6月7日20时30分前后在广东阳江市沿海第三次登陆，登陆时风力8级（风速20米每秒）、气压990百帕；6月8日17时在广东肇庆市境内减弱为热带低压；6月9日8时在广州市境内停止编号。“艾云尼”为2018年首个登陆我国的台风，较常年首个台风登陆时间（6月27日）早21天。受其影响，华南、江南、江淮部分地区出现强降雨，累计降雨量大于400毫米、250毫米的笼罩面积分别为1.00万平方公里、7.30万平方公里；累计过程最大点降雨量广东江门市螺塘水库站852毫米、海南文昌市东坡站533毫米。受台风降雨影响，海南、广东、福建、浙江、江西5省31条河流发生超警戒水位以上洪水，超警戒水位幅度0.01～4.45米，其中北江上中游发生超警戒水位洪水、江西赣江中游支流蜀水发生超历史记录洪水。福建、江西、湖南、广东、广西、海南6省（自治区）112个县（市、区）受灾，受灾人口188.08万人，转移人口23.98万人，因灾死亡11人，农作物受灾面积177.41千公顷，倒塌房屋2242间，直接经济损失53.12亿元。

江西遂川县双桥乡洪水上涨，民房进水（6月8日）

2. 7月中下旬甘肃等地暴雨洪涝灾害

7月18—20日，甘肃兰州、临夏、白银、甘南等市（州）部分地区出现大到暴雨，特别是临夏州东乡县局部地区出现暴雨。最大24小时降雨量东乡县奴拉坡站190毫米，最大1小时降雨量东乡县那勒寺站83毫米。受强降雨影响，洮河一级支流广通河19日洪峰流量725立方米每秒，超过20年一遇。7月22—23日，张掖市以东出现强降雨，临夏、兰州等地局部地区出现大暴雨，永靖县、红古区、皋兰县最大24小时降雨量110～160毫米，局部地区达到220毫米，最大1小时降雨量皋兰县62毫米，受强降雨影响，黄河干流兰州段发生洪水，黄河兰州水文站最大洪峰流量3610立方米每秒，形成黄河2018年第2号洪水。2次强降雨过程造成甘肃28个县（市、区）225个乡（镇）受灾，受灾人口27.30万人，转移人口0.58万人，因灾死亡17人、失踪3人，农作物受灾面积12.07千公顷，倒塌房屋1.11万间，直接经济损失17.76亿元。

甘肃兰州市七里河区小金沟洪道洪水（7月20日）

3. 7月中下旬内蒙古地区暴雨洪涝灾害

7月19—22日，内蒙古通辽市、呼伦贝尔市、兴安盟大部降小到中雨，局部降大到暴雨，累计过程最大点降雨量包头市固阳县杨六乞卜站175毫米。受局地强降雨影响，内蒙古巴彦淖尔市、包头市、呼和浩特市多条河流发生较大洪水，巴彦淖尔市乌拉特前旗乌苏图勒河广生隆站7月19日11时45分洪峰流量1890立方米每秒，包头市达茂旗艾不盖河百灵庙站 19 日 16 时 6 分洪峰流量 1040 立方米每秒，洪峰流量列有实测资料以来的第一位，超 100 年一遇。受强降雨影响，巴彦淖尔市乌拉特前旗、乌拉特中旗、五原县 75 条山洪沟口发生山洪，乌拉特前旗增隆昌水库（中型水库，库容 1888 万立方米）水位快速上涨，水库副二坝出现管涌险情，串漏后形成 3 米宽的决口。强降雨造成内蒙古 22 个县（市、区）153 个乡（镇）受灾，受灾人口 73.67 万人，转移人口 4.02 万人，因灾死亡 13 人、失踪 1 人，农作物受灾面积 304.45 千公顷，倒塌房屋 0.24 万间，直接经济损失 54.38 亿元。

内蒙古巴彦淖尔市五原县塔尔湖镇农作物受灾（7 月 23 日）

4. 7 月末新疆哈密地区暴雨洪水灾害

7 月 31 日，新疆哈密市伊州区沁城乡小堡区域突降特大暴雨，最大 24 小时降雨量 116 毫米，最大 6 小时降雨量 98 毫米，强降雨引发洪水涌入射月沟水库［小（1）型水库，库容 678 万立方米］，推算入库洪峰流量 1848 立方米每秒，远远超过该水库 300 年一遇校核洪水标准（537 立方米每秒），造成水库迅速漫顶并局部溃坝，溃坝时过坝最大流量 6700 立方米每秒，水库大坝下游 1.5 公里处溃坝洪峰流量 4304 立方米每秒。暴雨洪水造成新疆哈密市 2 个县（市、区）7 个乡（镇）受灾，受灾人口 1.64 万人，转移人口 5583 人，因灾死亡 28 人，农作物受灾面积 5.33 千公顷，倒塌房屋 1397 间，直接经济损失 10.45 亿元。其中，射月沟水库漫顶溃坝造成农作物受灾 0.42 千公顷，因灾死亡 28 人，倒塌房屋 424 间，直接经济损失 1.75 亿元。

新疆哈密市伊州区暴雨洪水（7 月 31 日）

5. 8 月中旬 201818 号热带风暴“温比亚”灾害

201818 号热带风暴“温比亚”8 月 17 日 4 时 5 分前后在上海浦东新区南部沿海登陆，登陆时中心最大风力 9 级，21 日 2 时在黄海北部停止编号。受“温比亚”和冷空气的共同影响，江南东北部、江淮、黄淮、华北东部、东北南部等地先后出现强降雨。累计降雨量大于 250 毫米、100 毫米、50 毫米的暴雨笼罩面积分别为 2.70 万平方公里、32.00 万平方公里、62.10 万平方公里，累计过程最大点降雨量河南商丘市火胡庄站 494 毫米。受强降雨影响，浙江、江苏、安徽、山东、辽宁、吉林 6 省先后有 32 条河流发生超警戒水位以上洪水，其中 7 条河流发生超保证水位洪水，4 条河流发生超历史记录洪水；淮河流域沭河发生 2018 年第 1 号洪水；太湖周边及杭嘉湖河网区共计有 41 个站水位超警戒水位，超警戒水位幅度为 0.01 ~ 0.58 米，其中 6 个站水位超保证水位。此次台风及强降雨造成辽宁、吉林、上海、江苏、浙江、安徽、山东、河南 8 省（直辖市）共 198 个县（市、区）受灾，受灾人口 1577.64 万人，转移人口 53.80 万人，因灾死亡 17 人，农作物受灾面积 1873.35 千公顷，倒塌房屋 2.17 万间，直接经济损失 323.85 亿元。

山东寿光市上口镇受淹养殖区（8 月 20 日）

6. 10 月中旬及 11 月上旬川藏交界金沙江、雅鲁藏布江堰塞湖灾害

10 月 11 日和 11 月 3 日，长江上游金沙江白格（西藏昌都市江达县和四川甘孜州白玉县交界处）发生 2 次堰塞湖险情；10 月 17 日和 10 月 29 日，雅鲁藏布江米林（西藏林芝市米林县）发生 2 次堰塞湖险情。4 次堰塞湖溃决时相应的蓄水量依次为 2.90 亿立方米、5.78 亿立方米、5.80 亿立方米、3.26 亿立方米，溃堰洪水造成下游站点水位迅速上涨，共造成西藏、云南、四川 3 省（自治区）受灾，受灾人口 13.30 万人，转移人口 10.10 万人，农作物受灾面积 9.30 千公顷，倒塌房屋 0.5 万间，直接经济损失 122.40 亿元。其中，11 月 3 日白格堰塞湖溃决洪水造成云南迪庆州、丽江市沿江 9 个县（区）16 个乡（镇）4 万余人受灾，紧急转移人口 4.10 万人，公路受损近 600 公里，冲垮大桥 13 座，受损大桥 13 座，电站、电厂被淹 4 座，冲毁堤防、渠道、管道 660 公里，损毁泵站、水文站 29 座，直接经济损失超 70 亿元。

金沙江白格堰塞湖泄流洪峰过境云南致沿江多处道路被淹（11 月 19 日）

三、干旱灾害

（一）基本情况

2018年，全国25省（自治区、直辖市）发生干旱灾害，作物受旱面积16085.87千公顷，因旱受灾面积7397.21千公顷，其中成灾面积3667.23千公顷、绝收面积610.21千公顷；因旱粮食损失156.97亿公斤、经济作物损失84.66亿元；因旱直接经济损失483.62亿元，占当年GDP的0.05%；共有306.69万人、462.30万头大牲畜因旱发生饮水困难。全国和各省（自治区、直辖市）作物因旱受灾面积、成灾面积、绝收面积和农村因旱饮水困难情况统计分别见表3-1和表3-2。

表3-1 作物因旱受灾面积、成灾面积、绝收面积情况统计表

单位：千公顷

地区	作物受灾面积	作物成灾面积	作物绝收面积	地区	作物受灾面积	作物成灾面积	作物绝收面积
全国	7397.21	3667.23	610.21	河南	122.99	17.64	0.97
北京				湖北	475.53	200.49	23.15
天津				湖南	150.82	122.47	28.36
河北	363.12	173.90	18.31	广东	106.75	52.71	1.23
山西	100.14	59.68	3.30	广西	49.88	42.37	1.95
内蒙古	1770.88	796.80	145.16	海南			
辽宁	1381.96	797.11	209.34	重庆	28.95	10.63	1.47
吉林	998.30	504.60	94.10	四川	181.55	48.25	6.67
黑龙江	699.47	359.96	14.28	贵州	120.41	76.06	22.03
上海				云南	41.12	13.41	1.09
江苏	5.80	5.67	0.17	西藏	0.44	0.44	
浙江				陕西	21.20	6.24	1.10
安徽	172.11	43.75	2.46	甘肃	57.64	39.76	4.39
福建	38.35	19.97	1.87	青海	30.26	22.83	
江西	199.21	124.19	21.50	宁夏	11.01	10.70	2.20
山东	269.32	117.60	5.11	新疆			

注：表中空白栏表示无灾情。

表 3-2　农村因旱饮水困难情况统计表

地区	因旱饮水困难人口 / 万人	因旱饮水困难大牲畜 / 万头	地区	因旱饮水困难人口 / 万人	因旱饮水困难大牲畜 / 万头
全国	306.69	462.30	河南	7.19	0.72
北京			湖北	6.94	3.05
天津			湖南	10.53	3.88
河北	5.03	0.97	广东	38.00	2.28
山西	5.37	1.05	广西	1.82	0.55
内蒙古	29.93	350.01	海南		
辽宁	2.25	0.72	重庆	3.85	1.78
吉林			四川	82.80	42.98
黑龙江	0.70	0.10	贵州	34.88	9.85
上海			云南	23.12	11.11
江苏			西藏	0.72	9.60
浙江			陕西	1.84	0.76
安徽	1.48	0.27	甘肃	2.50	10.38
福建	20.26	0.97	青海	1.74	5.30
江西	19.38	1.39	宁夏	0.51	4.02
山东	5.85	0.56	新疆		

注：表中空白栏表示无灾情。

（二）灾情特点

1. 旱灾损失总体偏轻

2018 年，全国作物因旱受灾面积、成灾面积、绝收面积，因旱粮食损失、经济作物损失，因旱饮水困难人口及饮水困难大牲畜数量，以及因旱直接经济损失占当年 GDP 的百分比均低于 2008—2017 年平均值。其中，作物因旱受灾面积、因旱粮食损失、因旱经济作物损失、因旱饮水困难人口、因旱直接经济损失占当年 GDP 的百分比分别比 2008—2017 年平均值少 44.7%、17.5%、66.4%、81.5%、72.2%，分别见图 3-1 至图 3-5。

图 3-1　2008—2018 年全国作物因旱受灾面积统计

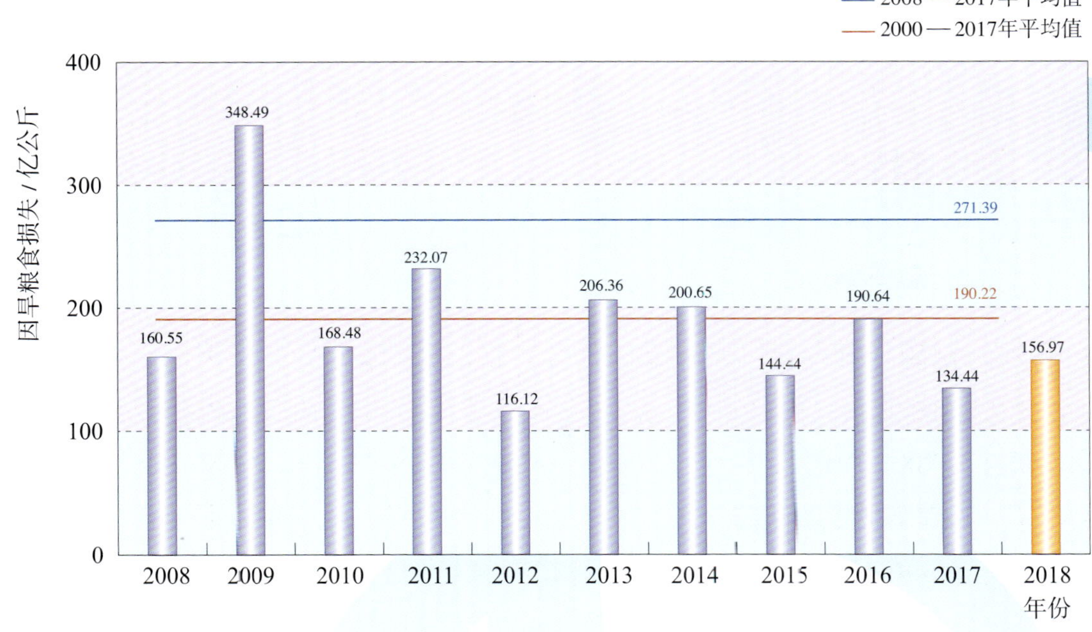

图 3-2　2008—2018 年全国因旱粮食损失统计

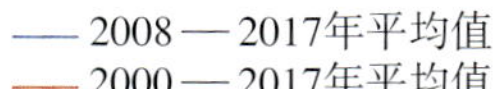

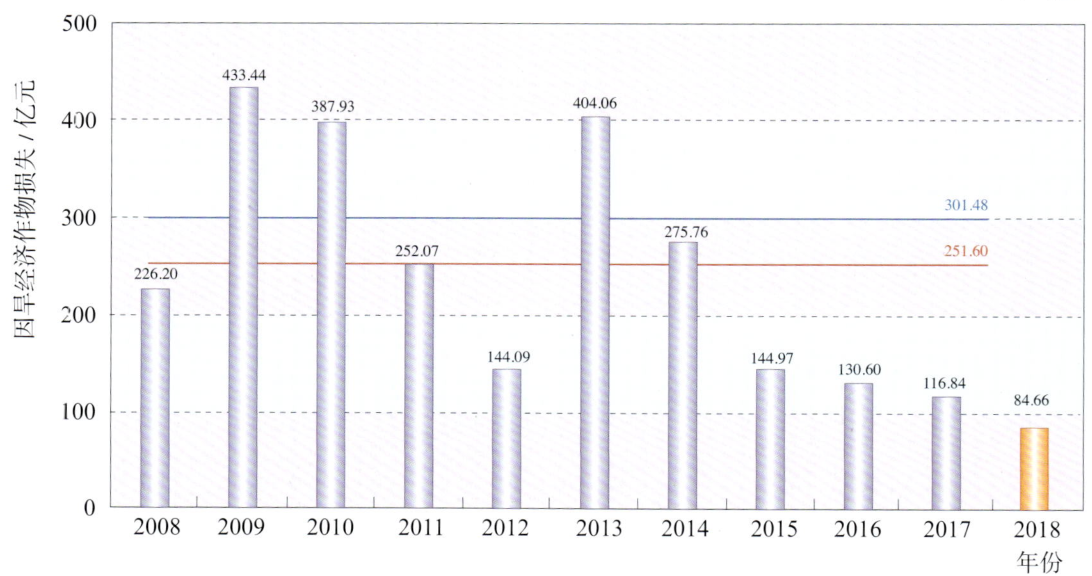

图 3-3　2008—2018 年全国因旱经济作物损失统计

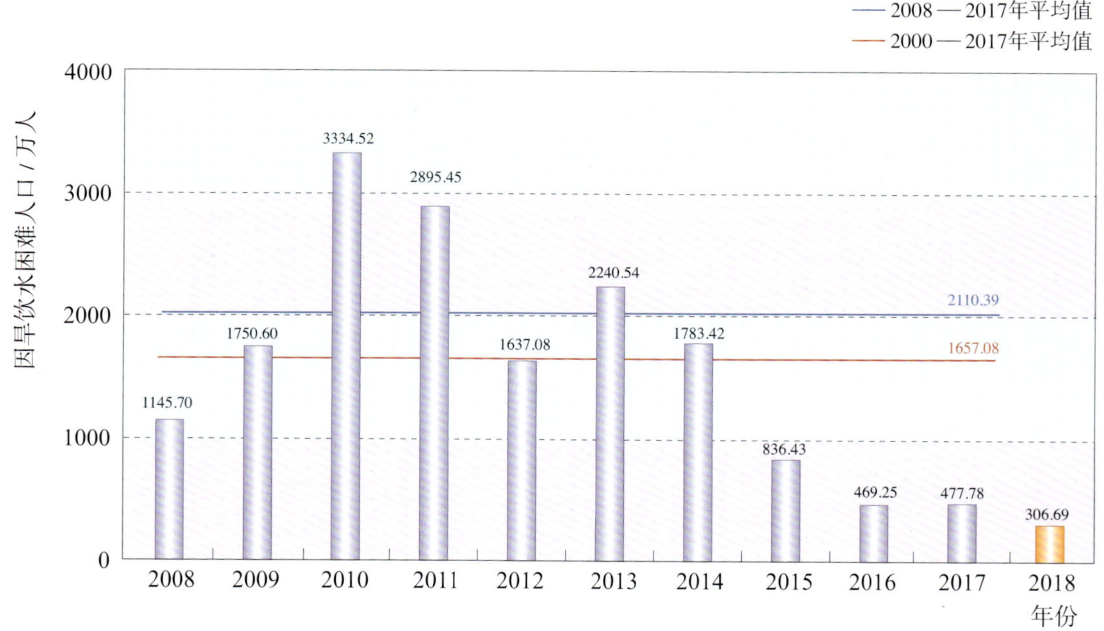

图 3-4　2008—2018 年全国因旱饮水困难人口统计

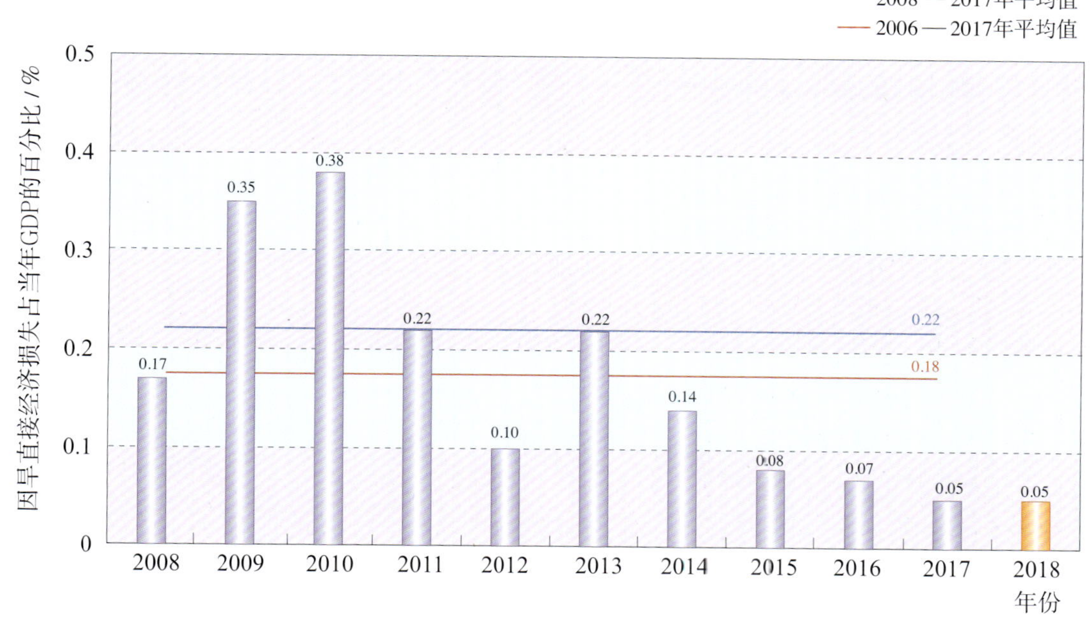

图 3-5 2008—2018 年全国因旱直接经济损失占当年 GDP 的百分比

2. 受灾区域相对集中

2018 年，全国因旱受灾区域主要集中在东北、内蒙古中西部和长江上中游部分地区。内蒙古自治区和东北三省作物因旱受灾面积和因旱粮食损失分别占全国作物因旱受灾面积和全国因旱粮食损失总量的 65.6% 和 62.9%。辽宁、内蒙古、吉林、黑龙江、湖北、湖南、江西 7 省（自治区）因旱直接经济损失占全国因旱直接经济损失总量的 78.3%。2018 年全国旱灾主要发生区域及受旱较重的省（自治区、直辖市）作物因旱受灾面积占全国的比例见图 3-6。

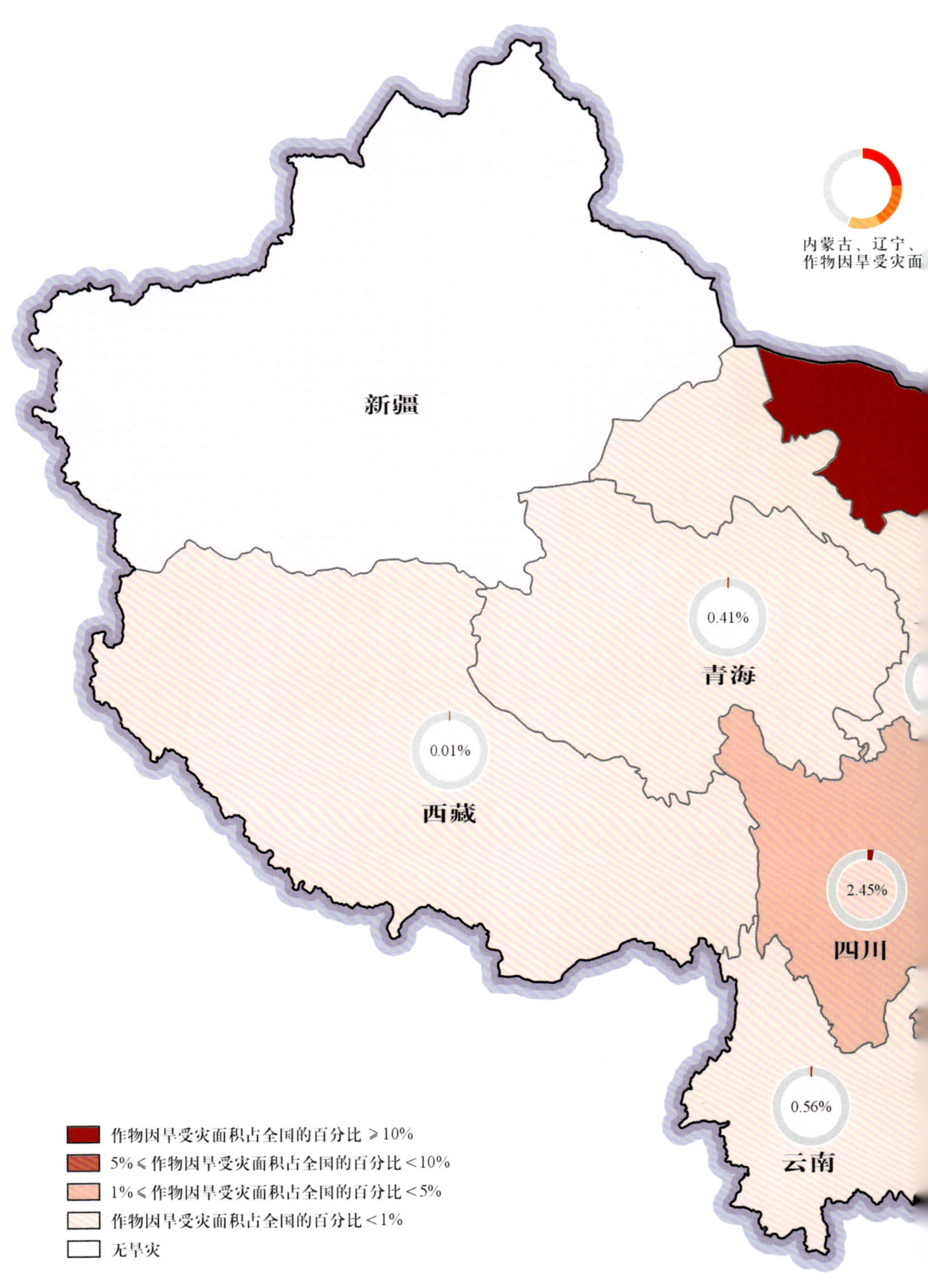

注：香港特别行政区、澳门特别行政区、台湾省资料暂缺。

图 3-6　2018 年全国旱灾主要发生区域及受旱

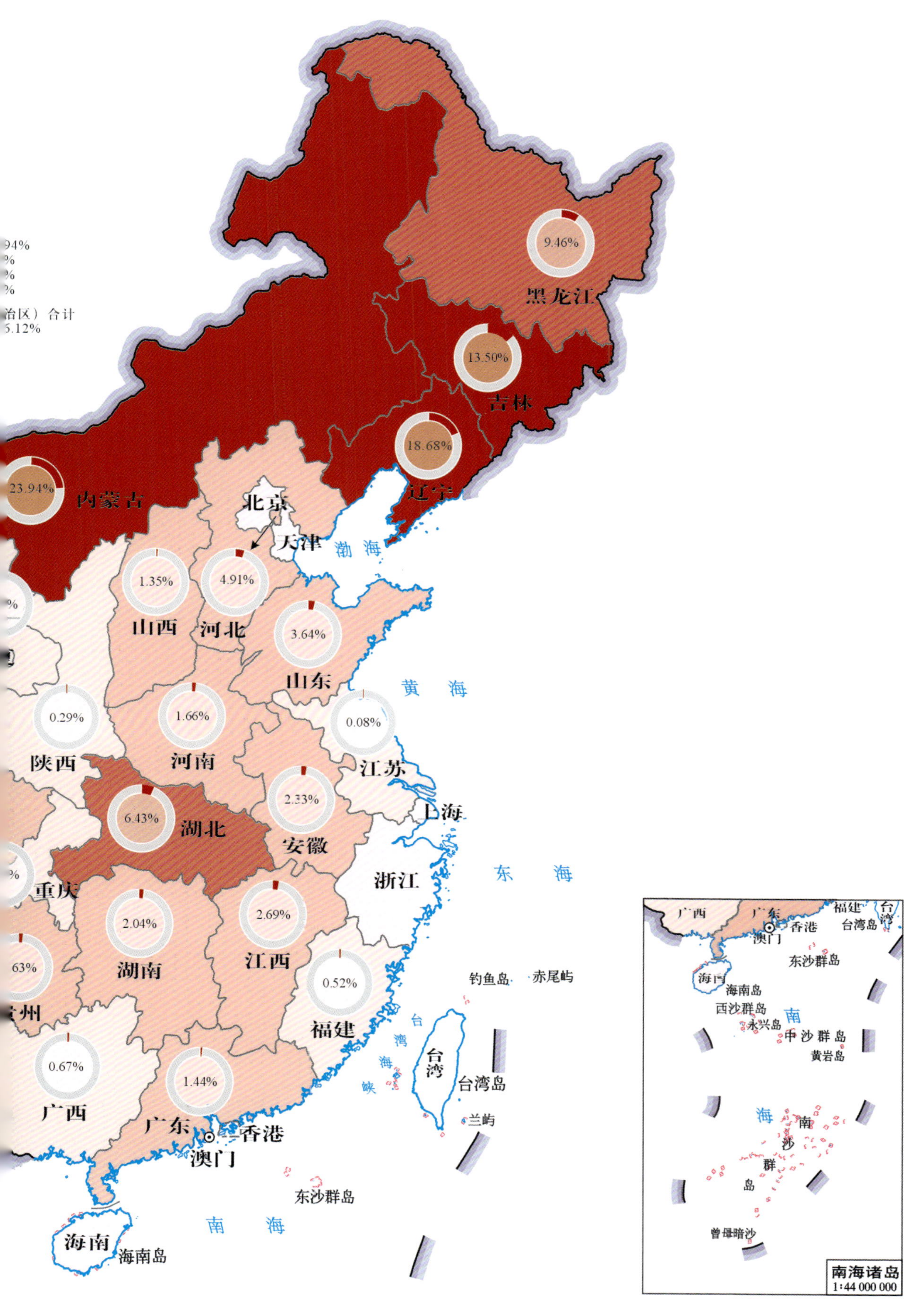

（自治区、直辖市）作物因旱受灾面积占全国的比例

（三）主要过程

1. 北方冬麦区和东北部分地区春旱

2017 年冬至 2018 年春，北方冬麦区平均降水量 28 毫米，较常年同期少 3 成；东北地区平均降水量 24 毫米，较常年同期少 1 成，其中辽宁、吉林 2 省少 2 ~ 4 成。主要江河来水偏少，黄河中游较常年同期少 1 成，松花江、辽河较常年同期少 4 成。受降水、江河来水偏少，以及水库蓄水不足等因素影响，北方冬麦区和东北部分地区出现春旱。

3 月中旬，山西临汾、运城 2 市冬小麦受旱；5 月下旬旱情高峰期，作物受旱面积 144 千公顷；5 月底，因降雨旱情得到缓解。

4 月下旬，辽宁阜新、朝阳、葫芦岛、铁岭等部分地区旱情初现；6 月 4 日旱情高峰期，作物受旱面积 402 千公顷；6 月 6 日后，旱区出现降雨过程，旱情逐步缓解，至 6 月 14 日，辽宁省旱情基本解除。

4 月下旬，吉林省春旱露头并迅速发展；5 月下旬旱情高峰期，作物受旱面积 1603 千公顷，主要分布在长春、吉林、四平、松原、白城、辽源、通化地区的 25 个县（市、区）；此后受降雨影响，6 月中旬旱情逐步解除。

5 月上旬，黑龙江省旱情露头并迅速蔓延；6 月 4 日旱情高峰期，作物受旱面积 1908 千公顷；6 月上中旬黑龙江省出现连续集中降雨，6 月 19 日旱情解除。

黑龙江哈尔滨市呼兰区许堡乡水稻受旱（6 月 2 日）

2. 内蒙古中西部地区春夏连旱

2017年冬至2018年夏，内蒙古自治区除呼伦贝尔市、兴安盟、锡林郭勒盟东北部外，其余大部分地区降水偏少，气温偏高。2017年冬季，中西部大部降水量不足10毫米，较历年同期少25%～100%。乌兰察布市及以西大部地区连续无降水超过30天，呼和浩特市中部、包头市南部、鄂尔多斯市东北部及西北部、乌海市、阿拉善盟西北部等地连续无降水超过60天。赤峰市中东部、通辽市西部等地降水量不足5毫米，其中巴林左旗、巴林右旗、阿鲁科尔沁旗无降水。因降水偏少，加之夏季高温，河道来水和水库蓄水减少，中西部牧区和赤峰中部等地旱情严重。至7月5日旱情高峰期，内蒙古自治区作物受旱面积1614千公顷，牧区受旱面积34000千公顷，因旱造成11.96万人、180万头大牲畜饮水困难。全区8个盟（市）41个旗（县）不同程度受到干旱影响，重旱区为锡林郭勒盟西部和北部、巴彦淖尔市北部牧区、包头市北部、赤峰市中部、乌兰察布市北部和东部、阿拉善盟等地。7月中旬以后，全区出现多次明显的降雨过程，旱情解除。

3. 东北部分地区夏伏旱

2018年7月中旬到8月底，东北部分地区出现持续高温晴热天气。其中，辽宁省平均气温比常年同期高3.3℃，为1951年以来同期最高，多地出现历史极值；吉林省平均气温25.9℃，比常年同期高3℃，多地气温均突破历史极值。同时，降雨较常年同期偏少，辽宁省平均降水量69.0毫米，较常年同期少56.2%，其中，西部地区少39.1%，中部和北部地区少71.2%，东部和南部地区少52.8%；吉林省平均降雨量只有61.4毫米，较常年同期少58%，为1949年以来最少。高温少雨致使江河湖泊持续低水位，水库蓄水不足，上述地区出现夏伏旱。

7月下旬，吉林省夏旱露头；8月上旬旱情高峰期，作物受旱面积247千公顷，主要分布在扶余、和龙、东丰、东辽等15个县（市、区）；8月6日后，降雨明显偏多，8月25日旱情全部解除。

7月下旬，辽宁省旱情初现并发展迅速；8月6日旱情高峰期，作物受旱面积1285千公顷；8月11—15日，辽宁省出现大面积强降雨过程，旱情显著缓解。

4. 长江中游部分地区夏伏旱

2018年7月中旬到10月，长江中游地区出现大范围高温少雨天气，湖北省多地最高气温超过40℃，鄂西北、鄂北、鄂东地区35℃以上高温天气达21～49天；江西省平均气温28℃，较常年同期高1℃；湖南省高温天气持续24天。因长期高温晴热，降雨较常年同期偏少，湖北西北部、北部较常年同期少5～8成，局地降雨量不足20毫米；江西省7月中旬至9月下旬，全省基本无降雨。由于高温少雨、蒸发量大，土壤失墒快，长江中游部分地区出现夏伏旱。

7月开始，受持续晴热高温少雨天气影响，江西省旱情逐渐发展蔓延到九江、上饶、宜春、抚州、新余等地，且强度逐渐增强，到9月中下旬，干旱范围和程度达到最大，作物受旱面积290千公顷，19.4万人、1.4万头大牲畜出现饮水困难，10月中下旬，江西省旱情得到明显缓解。

7月中旬，湖南省旱情迅速发展蔓延；7月下旬旱情高峰期，作物受旱面积349千公顷，8.07万人因旱饮水困难，150余座小型水库干涸；8月，旱情因降雨有所缓解，至9月初，旱情全部解除。

7月底，湖北省旱情开始发展，全省累计有16个市（州）、75个县（市、区）受旱；8月上旬旱情高峰时，作物受旱面积333千公顷，占在田作物面积的9%，其中，武汉市江夏区，十堰市房县、竹山县，孝感市孝昌县、汉川市，襄阳市襄州区、枣阳市等地出现中度干旱甚至严重干旱；8月下旬，因降雨旱情基本解除。

四、防汛抗旱行动与防灾减灾成效

（一）防汛抗旱行动

党中央、国务院高度重视防汛抗旱工作。习近平总书记多次对防汛抗洪抢险救灾工作作出重要指示和批示，并主持召开中央财经委员会第三次会议，强调要建立高效科学的自然灾害防治体系，提高全社会自然灾害防治能力，为保护人民群众生命财产安全和国家安全提供有力保障。李克强总理多次对防汛抗旱工作作出批示，要求切实落实各项措施，确保人民群众生命财产安全。水利部以及地方各级水利部门认真贯彻落实党中央、国务院决策部署，全面落实责任，加强督导检查，持续排查隐患，强化措施落实，全力以赴做好防汛抗旱各项工作，全年因灾死亡失踪人数为 1949 年以来最低，取得了防汛抗旱工作的全面胜利。

1. 部署检查

水利部汛前召开全国水库安全度汛视频会等会议，部署防汛抗旱防台风工作；8 月下旬召开全国水利系统视频会议，细化落实防汛抗旱防台风工作；汛前查找七大江河流域的防洪薄弱环节，研究制定详细应对方案和措施；组成 9 个检查组，赴大江大河和重点地区检查防汛抗旱防台风准备工作，对检查发现的问题以“一省一单”形式提出整改时限和要求；派出工作组重点督察长江、黄河、淮河、海河、辽河等流域的防汛准备工作；以黄河、海河、辽河等流域为重点，组织开展预测预报、洪水调度和抗洪抢险演练；及时安排修复水毁工程，以“四不两直”（即不发通知、不打招呼、不听汇报、不用陪同接待，直奔基层、直插现场）形式对全国小型水库安全度汛工作进行暗访督察；多批次抽查县级防汛抗旱应急值守和乡（镇）级山洪灾害监测预警情况；组织开展水库安全度汛隐患排查整改，全力保障人员安全；针对汛期山洪防御、河道行洪等方面出现的预报预警不落实、河道乱占乱建等问题进行重点排查，进一步消除度汛隐患。

各地水利部门开展汛前检查，强化隐患整改，修订完善各类方案预案，提前落实抢险队伍物资，加大培训演练力度，扎实做好迎汛度汛各项准备。

2. 防洪调度

水利部门科学分析水情、雨情和工情，精心调度骨干水利工程，加强各类水利工程的联合运用，充分发挥防洪减灾作用，合理拦蓄洪水，保障防洪安全。在防御长江 2018 年 2 次编号洪水过程中，科学调度三峡水库，分别将 53000 立方米每秒和 60000 立方米每秒的入库洪峰削减至 40000 立方米每秒和 43300 立方米每秒。其中，1 号洪水期间，调度三峡水库出库流量 40000 立方米每秒，削峰率 24.5%，共拦蓄洪水约 20 亿立方米；2 号洪水期间，三峡水库入库洪峰流量 60000 立方米每秒，最大出库流量 43300 立方米每秒。联合调度三峡，金沙江下游溪洛渡、向家坝，雅砻江锦屏一级、二滩等控制性水库拦蓄洪水约 87 亿立方米；指导四川、重庆 2 省（直辖市）调度瀑布沟、紫坪铺、宝珠寺、亭子口、草街等水库拦蓄洪水 24.00 亿立方米；上游水库群拦蓄洪水累计 111.00 亿立方米，有效避免了岷江下游江段、荆江河段水位超警戒，嘉陵江下游南充河段、北碚河段水位超保证，发挥了显著的防洪作用。针对黄河第 1 号洪水，实施龙羊峡、刘家峡水库联合调度，合理拦洪削峰，将黄河上游天然洪峰 4190 立方米每秒削减为 1800 立方米每秒，最大削峰率 57%，减轻了宁蒙河段防洪压力。科学调度珠江天生桥一级、龙滩、百色等流域重点水库，汛期共

案例 ‖ 四川省“7.9”洪水调度

7 月 8—12 日，四川省境内 23 条河流发生超警戒或超保证水位洪水，岷江、大渡河、涪江、沱江、嘉陵江干流同时发生接近或超过 50 年一遇的洪水。四川省水利厅 8 次调度亭子口、紫坪铺水库，4 次调度宝珠寺水电站、武都水库，4 座水库（水电站）共预泄水量 7.50 亿立方米，滞洪 13.80 亿立方米。其中，亭子口水库滞洪 8.1 亿立方米，削减洪峰 9130 立方米每秒，入库洪水由 80 年一遇降至 10 年一遇，30 余万群众免受威胁；武都水库滞洪 1 亿立方米，削减洪峰 5050 立方米每秒，绵阳和江油城区洪水均由超 100 年一遇分别降至 50 年一遇和 10 年一遇，减少受威胁和转移群众超过 10 万人，有力保障了西安至成都客运专线和宝成铁路涪江大桥应急处置。

拦蓄洪水 143.80 亿立方米，保障了流域防洪安全。四川省 6 次调度武都水库，将过境绵阳城区的洪峰流量由 9980 立方米每秒削减至 7300 立方米每秒，水位降低 1.0 ~ 1.5 米。海南省调度大广坝水库在 201809 号热带风暴“山神”及南海低压天气的共同影响期间，拦蓄洪水 5.85 亿立方米，削峰率 100%。

3. 抗旱调水

水利部门及时分析旱情形势，统筹考虑蓄水、供水和生态用水需求，科学研判，精细调度，全力保障抗旱用水需要。科学调度三峡水库，连续第 9 年实现 175 米试验性蓄水目标。调度黄河干流八大水库增蓄水量 104.00 亿立方米，为 2018 年冬至 2019 年春沿黄工农业用水、引黄调水和生态用水提供保障。调度岳城水库，累计下泄水量 1.45 亿立方米，为衡水市供水 0.50 亿立方米，同时通过四女寺枢纽向南运河、漳卫新河下泄水量 0.14 亿立方米。实施 2017—2018 年珠江枯水期水量调度，累计向澳门供水 0.41 亿立方米，向珠海主城区供水 0.96 亿立方米；实施 2018—2019 年珠江枯水期水量调度，累计向澳门供水 0.41 亿立方米，向珠海主城区供水 0.97 亿立方米，确保了澳门、珠海等地的供水安全。实施引江济太水资源调度，累计调引长江水 11.71 亿立方米，入湖 5.44 亿立方米，通过太浦河闸泵增供水 20.28 亿立方米；汛期 9 次开启太浦河泵站应急供水，累计供水 1.46 亿立方米，保障了太浦河下游 770 万人民群众饮水安全。辽宁省 2 次启动大伙房水库输水工程实施应急调水，2018 年度内累计调水 12.39 亿立方米。安徽省开启怀洪新河何巷闸引淮河水，将怀洪新河水位抬高 0.35 米，开启凤凰颈站闸引 0.46 亿立方米长江水入巢湖西河流域，增加灌溉水源；利用淠史杭灌区工程累计向合肥市补水 3.70 亿立方米。

4. 信息发布

水利部利用门户网络发布要闻动态、地方信息、媒体视频、专题报道等信息 3000 多篇，联合中国气象局共同制作发布山洪灾害气象预警信息 134 期，其中在中央电视台天气预报节目播出 30 期。地方各级水利部门围绕防汛抗旱工作重点，通过多种形式，及时宣传防灾减灾知识并发布水旱灾害信息和防御工作情况，确保防汛抗旱信息报道及时、准确、透明。

（二）防灾减灾成效

1. 保障了防洪安全

2018年，全国共投入抗洪抢险人员467.95万人次、抢险舟船1.78万舟次、运输设备20.05万班次、机械设备14.68万台班，消耗物资价值13.15亿元，全年紧急转移群众836.25万人，其中山洪灾害防御转移191.00万人，台风防御转移566.98万人，累计解救被洪水围困群众494.49万人，最大限度地减少了人员伤亡。各地利用已建山洪灾害监测预警系统发布预警信息4.7万余次、预警短信2179万余条，启动预警广播31万余次，在山洪灾害防御中发挥了重大作用。全国重要堤防无一决口，江河湖库险情得到有效控制，因山洪灾害死亡失踪人数、有人员伤亡的山洪灾害事件数均降至历史最低，防洪安全得到有力保障。

案例 ‖ 河南淅川县山洪灾害防御

5月18日20时，河南淅川县田川村监测人员利用简易雨量观测站监测到降雨量为60毫米，立即按照《田川村村级灾害防御预案》启动III级预警。21时，降雨量为120毫米，监测人员及时报告降雨情况后，启动II级预警，并通知小组长通过小喇叭和语音广播告知群众做好疏散撤离准备工作，同时向镇政府汇报。21时30分，降雨量增至150毫米，淅川县立即启动县II级，乡、村I级预警，并由当地村组干部组织村民迅速转移。23时，降雨量达到168毫米时，全村10个村民小组864人全部有序撤离至预定的安置地点。全村倒塌房屋300多间，但由于灾害预警预报及时准确，应急响应行动迅速，组织群众疏散转移高效有序，实现人员零伤亡。

案例 ‖ “11.3”白格堰塞湖溃堰洪水防御

11月3日，长江上游金沙江白格发生堰塞湖险情。溃堰洪水造成下游河道水位迅速上涨，流量快速增加，形势险恶，处置难度大。水利部8次组织会商，派出部级领导带队的工作组赴现场，7次向有关省（自治区）和部门发出通知；安排水文人员开展洪水和堰塞体风险点应急监测；组织水利部长江水利委员会、水利部信息中心等相关单位实时分析溃坝洪峰演进及淹没影响范围，先后6次提供给相关部委和省（自治区）；长江委先后6次发出调度令，实时优化金沙江梨园等6座水电站预泄调度，腾出金沙江中游梯级水库防洪库容约13亿立方米。经4天开挖，完成最大开挖深度15米、顶宽42米、底宽3米、长220米的引流槽，11月12日10时50分，堰塞湖引流槽开始过流，13日18时出现最大溃坝洪峰流量31000立方米每秒，15日14时，下游梨园水电站出现入库洪峰流量7410立方米每秒，调度调蓄后水位低于正常蓄水位，洪水安全承纳，堰塞湖洪水影响结束。

“11.3”金沙江白格堰塞湖（11月3日）

2. 保障了旱区供水

2018 年抗旱高峰期，全国共投入抗旱劳力 722 万人，开动机电井 80 多万眼、泵站 1.5 万处，出动机动抗旱设备 69 万台（套），保障了旱区群众生活用水安全。通过珠江枯水期水量调度、引江济太、引江济巢、引黄入冀、大伙房水库输水工程及其他水利工程应急调水，保障了澳门、广东珠海、太湖周边地区、巢湖周边地区以及河北、辽宁等省的供水安全及抗旱用水需求。

案例 ‖ 江西省抗旱

4—5 月，江西萍乡、吉安等地出现不同程度旱情，7 月开始，受持续晴热高温少雨天气影响，旱情逐渐发展蔓延到九江、上饶、宜春、抚州、新余等地，且强度逐渐增强，至 9 月中下旬，干旱范围和程度达到最大，旱情最重时作物受旱面积 290 千公顷、受灾面积 199 千公顷、成灾面积 124 千公顷、绝收面积 21 千公顷，因旱粮食损失 4.1 亿公斤，因旱经济作物损失 6.00 亿元，因旱直接经济损失 20.00 亿元。面对旱情，江西省水利厅先后派出 20 余个工作组赴各地和赣抚平原灌区等大型灌区指导防旱抗旱和用水管理工作，调度洪门、廖坊、峡江、江口、罗湾等水库，满足超过 60 千公顷农田灌溉需求，保障下游生活生产用水。江西省累计投入抗旱资金 4.80 亿元、抗旱人员 97 万人、机动抗旱设备 17.8 万台（套）、机动运水车辆 0.1 万辆，启动抽水泵站 0.6 万座、抗旱井 1.5 万眼，全部解决了 19.40 万人、1.40 万头大牲畜的饮水困难，减少农业因旱经济作物损失 8.60 亿元，减少因旱粮食损失 21.00 亿元，最大限度地减轻了灾害损失。

3. 减少了灾害损失

2018 年，全国防洪减淹耕地面积 3176.08 千公顷，避免粮食损失 83.70 亿公斤，避免 75 座次城市受淹，减少洪涝受灾人口 983.52 万人，防洪减灾效益 239.98 亿元。挽回粮食损失 221.38 亿公斤，挽回经济作物损失 121.41 亿元。2018 年洪涝灾害直接经济损失占当年 GDP 的百分比为 0.18%，低于 2000 年以来的平均值，因旱直接经济损失占当年 GDP 的百分比为 0.05%，为 2008 年以来最低。防汛抗旱工作为我国经济平稳运行和社会稳定提供了保障。

附录一　名词解释与指标说明

（一）洪涝

1. 洪涝灾害：因降雨、融雪、冰凌、溃坝（堤）、风暴潮、热带气旋等造成的江河洪水、渍涝、山洪、滑坡和泥石流等，以及由其引发的次生灾害。

2. 山洪灾害：由于降雨在山丘区引发的洪水及由山洪诱发的泥石流、滑坡等对国民经济和人民生命财产造成损失的灾害。

3. 洪水等级：小洪水是指洪水要素重现期小于 5 年的洪水；中洪水是指洪水要素重现期大于等于 5 年、小于 20 年的洪水；大洪水是指洪水要素重现期大于等于 20 年、小于 50 年的洪水；特大洪水是指洪水要素重现期大于等于 50 年的洪水。

4. 编号洪水：大江、大河、大湖及跨省独流入海主要河流的洪峰达到警戒水位（流量）、3 年一遇至 5 年一遇洪水量级或影响当地防洪安全的水位（流量）时，确定为编号洪水。

5. 受灾人口：洪涝灾害中生产生活遭受损失的人口数量。同一人遭受 1 次以上洪涝灾害时，只统计 1 次，不重复计灾。

6. 转移人口：因生命财产受到洪涝灾害威胁而暂时转移到安全地区的人口数量。对于台风灾害，其转移人口不含受台风灾害影响从海上回港但无须安置的避险人员。同一人转移 1 次以上时，只统计 1 次，不重复计算。

7. 死亡人口：直接因洪涝灾害死亡的人口数量。

8. 失踪人口：因洪涝灾害导致下落不明，暂时无法认定死亡的人口数量。

9. 受淹城市：江河洪水进入城区或降雨产生严重内涝造成经济损失或人员伤亡的县城及县级以上城市个数。同一城市遭受 1 次以上洪涝灾害时，只统计 1 次，不重复计灾。

10. 直接经济损失：洪涝灾害造成的农林牧渔业、工业信息交通运输业、水利设施和其他洪涝灾害造成的直接经济损失的总和。

11. 农作物受灾面积：因洪涝造成在田农作物产量损失 1 成以上（含 1 成）的播种面积（含成灾、绝收面积）。同一地块的当季农作物遭受 1 次以上洪涝灾害时，只统计其中最重的 1 次，不重复计灾。

12. 农作物成灾面积：因洪涝造成在田农作物受灾面积中，产量损失 3 成以上（含 3 成）的播种面积（含绝收面积）。同一地块的当季农作物遭受 1 次以上洪涝灾害时，只统计其中最重的 1 次，不重复计灾。

13. 农作物绝收面积：因洪涝造成在田农作物成灾面积中，产量损失 8 成以上（含 8 成）的播种面积。同一地块的当季农作物遭受 1 次以上洪涝灾害时，只统计其中最重的 1 次，不重复计灾。

14. 停产工矿企业：因洪涝受淹而停产的工矿生产企业（不含商贸、服务等第三产业的停产企业）个数。

15. 铁路中断：因洪涝造成铁路干线停运的条次数，铁路干线指跨省（自治区、直辖市）的铁路干线和省（自治区、直辖市）内重要的铁路干线。

16. 公路中断：因洪涝造成公路停运的条次数。

17. 机场、港口关停：因洪涝造成机场、港口关闭或者暂时停运的个次数。

18. 供电中断：因洪涝造成乡（镇）以上主要输电线路停电的条次数。

19. 通信中断：因洪涝造成通信线路中断的条次数。

20. 损坏水库：大坝、溢洪道、输水涵洞、闸门等部位水毁，影响正常运行的水库座数。

21. 损坏堤防：洪水造成渗水、滑坡、裂缝、坍塌、管涌、漫溢等影响防洪安全的堤防的处数和长度。

22. 损坏水闸：被洪水损坏，不能正常运行的防洪（潮）闸的座数。

23. 水利设施损失：洪涝灾害对水利工程造成的直接经济损失。

24. 警戒水位：可能造成防洪工程出现险情的河流和其他水体的水位。

25. 保证水位：能保证防洪工程或防护区安全运行的最高洪水位。

26. 台风：热带气旋的一个类别，热带气旋中心持续风速达到 12 级即称为台风。通常热带气旋按中心附近地面最大风速划分为 6 个等级，见附表 1-1。

附表 1-1 热带气旋等级划分

等级	底层中心附近最大平均风速 /（米 / 秒）	风力
超强台风	51.0 及以上	16 级及以上
强台风	41.5 ~ 50.9	14 ~ 15 级
台风	32.7 ~ 41.4	12 ~ 13 级
强热带风暴	24.5 ~ 32.6	10 ~ 11 级
热带风暴	17.2 ~ 24.4	8 ~ 9 级
热带低压	10.8 ~ 17.1	6 ~ 7 级

注：引用国家标准《热带气旋等级》（GB/T 19201—2006），本公报中除特殊说明者外，对风力等级为热带风暴及以上级别的热带气旋统称为台风。

27. 降雨等级：降雨分为微量降雨（零星小雨）、小雨、中雨、大雨、暴雨、大暴雨、特大暴雨共 7 个等级，具体划分见附表 1–2。

附表 1–2　降雨等级划分

等级	时段降雨量 / 毫米	
	12 小时降雨量	24 小时降雨量
微量降雨（零星小雨）	＜0.1	＜0.1
小雨	0.1 ～ 4.9	0.1 ～ 9.9
中雨	5.0 ～ 14.9	10.0 ～ 24.9
大雨	15.0 ～ 29.9	25.0 ～ 49.9
暴雨	30.0 ～ 69.9	50.0 ～ 99.9
大暴雨	70.0 ～ 139.9	100.0 ～ 249.9
特大暴雨	≥ 140.0	≥ 250.0

注：引用国家标准《降水量等级》（GB/T 28592—2012）。

（二）干旱

1. 干旱灾害：由于降水减少、水工程供水不足引起的用水短缺，并对生活、生产和生态造成危害的事件。

2. 作物受旱面积：由于降水少，河川径流及其他水源短缺，作物正常生长受到影响的耕地面积。同一块耕地一季作物多次受旱，只计最严重的 1 次；同一块耕地一年内多季作物受旱，累计各季作物受旱面积。

3. 作物（因旱）受灾面积：在受旱面积中作物产量比正常年产量减产 1 成以上的面积。同一块耕地多季受灾，累计各季受灾面积最大值。作物受灾面积中包含成灾面积，成灾面积中包含绝收面积。

4. 作物成灾面积：在受旱面积中作物产量比正常年产量减产 3 成以上（含 3 成）的面积。

5. 作物绝收面积：在受旱面积中作物产量比正常年产量减产 8 成以上（含 8 成）的面积。

6. 因旱饮水困难：因干旱造成的人、畜临时饮用水困难。因旱人饮困难标准参考《旱情等级标准》（SL 424—2008），即由于干旱，导致人、畜饮水的取水地点被迫改变或基本生活用水量北方地区低于20升/(人·天)、南方地区低于35升/(人·天)，且持续15天以上。因旱牲畜饮水困难标准可参考其他标准。在统计牲畜饮水困难时要将羊单位按5:1的比例换算为大牲畜单位。

7. 因旱直接经济损失：因干旱灾害造成农林牧渔业、工业、交通航运业、水力发电等行业及水利设施直接经济损失的总和。

8. 重旱：对作物生长和作物产量有较大影响的干旱。旱作区：出苗率低于6成，叶片枯萎或有死苗现象，20厘米耕作层土壤相对湿度小于40%；水稻区：田间严重缺水，稻田发生龟裂，禾苗出现枯萎死苗。

9. 干枯：出苗率低于3成，作物大面积枯死或需毁种。

10. 投入抗旱人数：统计时段内投入抗旱人数的最大值。

11. 投入机电井：统计时段内投入抗旱的各类机电井数量的最大值。

12. 投入泵站：统计时段内投入抗旱的泵站数量的最大值。

13. 投入机动抗旱设备：统计时段内投入抗旱的各类非固定抗旱设备数量的最大值。

14. 投入机动运水车辆：统计时段内投入抗旱的各种机动运水车辆的最大值，包括给饮水困难群众送水的车辆。

15. 投入抗旱资金：本年度以来各级财政、地方集体、企事业单位和群众投入抗旱的资金累计数量，不包括群众投劳折算资金。

16. 抗旱浇地面积：本年度以来实际抗旱浇地面积累计数（正常灌溉面积不列入统计范围）。同一块耕地一季作物抗旱浇灌多次，按“面积”统计时只计1次，按“面积·次”统计时计多次。

附录二　1950—2018 年全国水旱灾情统计

附表 2-1　1950—2018 年全国洪涝灾情统计表

年份	受灾面积 / 千公顷	成灾面积 / 千公顷	因灾死亡人口 / 人	倒塌房屋 / 万间	直接经济损失 / 亿元
1950	6559.00	4710.00	1982	130.50	—
1951	4173.00	1476.00	7819	31.80	—
1952	2794.00	1547.00	4162	14.50	—
1953	7187.00	3285.00	3308	322.00	—
1954	16131.00	11305.00	42447	900.90	—
1955	5247.00	3067.00	2718	49.20	—
1956	14377.00	10905.00	10676	465.90	—
1957	8083.00	6032.00	4415	371.20	—
1958	4279.00	1441.00	3642	77.10	—
1959	4813.00	1817.00	4540	42.10	—
1960	10155.00	4975.00	6033	74.70	—
1961	8910.00	5356.00	5074	146.30	—
1962	9810.00	6318.00	4350	247.70	—
1963	14071.00	10479.00	10441	1435.30	—
1964	14933.00	10038.00	4288	246.50	—
1965	5587.00	2813.00	1906	95.60	—
1966	2508.00	950.00	1901	26.80	—
1967	2599.00	1407.00	1095	10.80	—
1968	2670.00	1659.00	1159	63.00	—
1969	5443.00	3265.00	4667	164.60	—
1970	3129.00	1234.00	2444	25.20	—
1971	3989.00	1481.00	2323	30.20	—
1972	4083.00	1259.00	1910	22.80	—
1973	6235.00	2577.00	3413	72.30	—
1974	6431.00	2737.00	1849	120.00	—
1975	6817.00	3467.00	29653	754.30	—
1976	4197.00	1329.00	1817	81.90	—
1977	9095.00	4989.00	3163	50.60	—
1978	2820.00	924.00	1796	28.00	—

附表 2-1（续）

年份	受灾面积 / 千公顷	成灾面积 / 千公顷	因灾死亡人口 / 人	倒塌房屋 / 万间	直接经济损失 / 亿元
1979	6775.00	2870.00	3446	48.80	—
1980	9146.00	5025.00	3705	138.30	—
1981	8625.00	3973.00	5832	155.10	—
1982	8361.00	4463.00	5323	341.50	—
1983	12162.00	5747.00	7238	218.90	—
1984	10632.00	5361.00	3941	112.10	—
1985	14197.00	8949.00	3578	142.00	—
1986	9155.00	5601.00	2761	150.90	—
1987	8686.00	4104.00	3749	92.10	—
1988	11949.00	6128.00	4094	91.00	—
1989	11328.00	5917.00	3270	100.10	—
1990	11804.00	5605.00	3589	96.60	239.00
1991	24596.00	14614.00	5113	497.90	779.08
1992	9423.30	4464.00	3012	98.95	412.77
1993	16387.30	8610.40	3499	148.91	641.74
1994	18858.90	11489.50	5340	349.37	1796.60
1995	14366.70	8000.80	3852	245.58	1653.30
1996	20388.10	11823.30	5840	547.70	2208.36
1997	13134.80	6514.60	2799	101.06	930.11
1998	22291.80	13785.00	4150	685.03	2550.90
1999	9605.20	5389.12	1896	160.50	930.23
2000	9045.01	5396.03	1942	112.61	711.63
2001	7137.78	4253.39	1605	63.49	623.03
2002	12384.21	7439.01	1819	146.23	838.00
2003	20365.70	12999.80	1551	245.42	1300.51
2004	7781.90	4017.10	1282	93.31	713.51
2005	14967.48	8216.68	1660	153.29	1662.20
2006	10521.86	5592.42	2276	105.82	1332.62
2007	12548.92	5969.02	1230	102.97	1123.30
2008	8867.82	4537.58	633	44.70	955.44
2009	8748.16	3795.79	538	55.59	845.96
2010	17866.69	8727.89	3222	227.10	3745.43

附表 2-1（续）

年份	受灾面积 / 千公顷	成灾面积 / 千公顷	因灾死亡人口 / 人	倒塌房屋 / 万间	直接经济损失 / 亿元
2011	7191.50	3393.02	519	69.30	1301.27
2012	11218.09	5871.41	673	58.60	2675.32
2013	11777.53	6540.81	775	53.36	3155.74
2014	5919.43	2829.99	486	25.99	1573.55
2015	6132.08	3053.84	319	15.23	1660.75
2016	9443.26	5063.49	686	42.77	3643.26
2017	5196.47	2781.19	316	13.78	2142.53
2018	6426.98	3131.16	187	8.51	1615.47
平均	9602.00	5288.19	4098	177.71	1509.02

注：表中“—”表示没有统计数据。

附表 2-2　2001—2018 年登陆我国的台风个数及致灾情况统计表

年份	登陆个数	农作物受灾面积 / 千公顷	受灾人口 / 万人	倒塌房屋 / 万间	死亡人口 / 人	直接经济损失 / 亿元	转移群众 / 万人
2001	9	2109.19	4037.55	24.61	201	311.62	—
2002	6	746.00	2265.42	6.21	59	95.36	—
2003	7	862.90	2989.00	3.19	61	103.80	—
2004	8	985.58	2216.17	8.54	196	242.17	—
2005	8	4453.30	7074.64	32.46	414	799.90	—
2006	6	2952.08	6623.28	47.80	1522	766.29	814.58
2007	7	2085.62	4226.05	8.07	62	297.70	727.33
2008	10	2310.20	3791.56	12.77	127	320.75	492.24
2009	9	1145.69	1943.56	2.54	43	190.90	278.60
2010	7	458.20	847.71	3.46	123	116.42	132.38
2011	7	653.71	1530.93	2.04	24	216.40	248.95
2012	7	3041.41	3082.91	8.82	45	645.03	467.08
2013	9	2870.68	4758.87	7.80	159	1249.88	644.45
2014	5	2396.63	2299.18	4.76	75	617.34	267.61
2015	6	1838.31	2536.04	1.93	29	685.52	375.80
2016	8	1446.38	1544.37	3.13	130	613.78	546.10
2017	8	331.69	491.82	0.26	18	337.51	250.28
2018	10	3319.57	2678.09	2.92	36	673.86	618.18

注：表中“—”表示没有统计数据。

附表 2-3　2000—2018 年中小河流和山洪灾害死亡与失踪人口统计表

年份	死亡人口 / 人	失踪人口 / 人	年份	死亡人口 / 人	失踪人口 / 人
2000	1102	—	2010	2824	—
2001	788	—	2011	413	—
2002	924	—	2012	473	—
2003	1307	—	2013	560	—
2004	998	—	2014	340	—
2005	1400	—	2015	226	50
2006	1612	—	2016	481	129
2007	1069	—	2017	207	16
2008	508	—	2018	129	32
2009	430	—			

注：表中“—”表示没有统计数据。

附表 2-4　1950—2018 年全国干旱灾情统计表

年份	受灾面积 / 千公顷	成灾面积 / 千公顷	绝收面积 / 千公顷	粮食损失 / 亿公斤	饮水困难人口 / 万人	饮水困难大牲畜 / 万头	直接经济损失 / 亿元
1950	2398.00	589.00	—	19.00	—	—	—
1951	7829.00	2299.00	—	36.88	—	—	—
1952	4236.00	2565.00	—	20.21	—	—	—
1953	8616.00	1341.00	—	54.47	—	—	—
1954	2988.00	560.00	—	23.44	—	—	—
1955	13433.00	4024.00	—	30.75	—	—	—
1956	3127.00	2051.00	—	28.60	—	—	—
1957	17205.00	7400.00	—	62.22	—	—	—
1958	22361.00	5031.00	—	51.28	—	—	—
1959	33807.00	11173.00	—	108.05	—	—	—
1960	38125.00	16177.00	—	112.79	—	—	—
1961	37847.00	18654.00	—	132.29	—	—	—
1962	20808.00	8691.00	—	89.43	—	—	—
1963	16865.00	9021.00	—	96.67	—	—	—
1964	4219.00	1423.00	—	43.78	—	—	—
1965	13631.00	8107.00	—	64.65	—	—	—

附表 2-4（续）

年份	受灾面积 / 千公顷	成灾面积 / 千公顷	绝收面积 / 千公顷	粮食损失 / 亿公斤	饮水困难人口 / 万人	饮水困难大牲畜 / 万头	直接经济损失 / 亿元
1966	20015.00	8106.00	—	112.15	—	—	—
1967	6764.00	3065.00	—	31.83	—	—	—
1968	13294.00	7929.00	—	93.92	—	—	—
1969	7624.00	3442.00	—	47.25	—	—	—
1970	5723.00	1931.00	—	41.50	—	—	—
1971	25049.00	5319.00	—	58.12	—	—	—
1972	30699.00	13605.00	—	136.73	—	—	—
1973	27202.00	3928.00	—	60.84	—	—	—
1974	25553.00	2296.00	—	43.23	—	—	—
1975	24832.00	5318.00	—	42.33	—	—	—
1976	27492.00	7849.00	—	85.75	—	—	—
1977	29852.00	7005.00	—	117.34	—	—	—
1978	40169.00	17969.00	—	200.46	—	—	—
1979	24646.00	9316.00	—	138.59	—	—	—
1980	26111.00	12485.00	—	145.39	—	—	—
1981	25693.00	12134.00	—	185.45	—	—	—
1982	20697.00	9972.00	—	198.45	—	—	—
1983	16089.00	7586.00	—	102.71	—	—	—
1984	15819.00	7015.00	—	106.61	—	—	—
1985	22989.00	10063.00	—	124.04	—	—	—
1986	31042.00	14765.00	—	254.34	—	—	—
1987	24920.00	13033.00	—	209.55	—	—	—
1988	32904.00	15303.00	—	311.69	—	—	—
1989	29358.00	15262.00	2423.33	283.62	—	—	—
1990	18174.67	7805.33	1503.33	128.17	—	—	—
1991	24914.00	10558.67	2108.67	118.00	4359.00	6252.00	—
1992	32980.00	17048.67	2549.33	209.72	7294.00	3515.00	—
1993	21098.00	8658.67	1672.67	111.80	3501.00	1981.00	—
1994	30282.00	17048.67	2526.00	233.60	5026.00	6012.00	—
1995	23455.33	10374.00	2121.33	230.00	1800.00	1360.00	—
1996	20150.67	6247.33	686.67	98.00	1227.00	1675.00	—
1997	33514.00	20010.00	3958.00	476.00	1680.00	850.00	—

附表 2-4（续）

年份	受灾面积 / 千公顷	成灾面积 / 千公顷	绝收面积 / 千公顷	粮食损失 / 亿公斤	饮水困难人口 / 万人	饮水困难大牲畜 / 万头	直接经济损失 / 亿元
1998	14237.33	5068.00	949.33	127.00	1050.00	850.00	—
1999	30153.33	16614.00	3925.33	333.00	1920.00	1450.00	—
2000	40540.67	26783.33	8006.00	599.60	2770.00	1700.00	—
2001	38480.00	23702.00	6420.00	548.00	3300.00	2200.00	—
2002	22207.33	13247.33	2568.00	313.00	1918.00	1324.00	—
2003	24852.00	14470.00	2980.00	308.00	2441.00	1384.00	—
2004	17255.33	7950.67	1677.33	231.00	2340.00	1320.00	—
2005	16028.00	8479.33	1888.67	193.00	2313.00	1976.00	—
2006	20738.00	13411.33	2295.33	416.50	3578.23	2936.25	986.00
2007	29386.00	16170.00	3190.67	373.60	2756.00	2060.00	1093.70
2008	12136.80	6797.52	811.80	160.55	1145.70	699.00	545.70
2009	29258.80	13197.10	3268.80	348.49	1750.60	1099.40	1206.59
2010	13258.61	8986.47	2672.26	168.48	3334.52	2440.83	1509.18
2011	16304.20	6598.60	1505.40	232.07	2895.45	1616.92	1028.00
2012	9333.33	3508.53	373.80	116.12	1637.08	847.63	533.00
2013	11219.93	6971.17	1504.73	206.36	2240.54	1179.35	1274.51
2014	12271.70	5677.10	1484.70	200.65	1783.42	883.29	909.76
2015	10067.05	5577.04	1005.39	144.41	836.43	806.77	579.22
2016	9872.76	6130.85	1018.20	190.64	469.25	649.73	484.15
2017	9946.43	4490.02	752.71	134.44	477.78	514.29	437.88
2018	7397.21	3667.23	610.21	156.97	306.69	462.30	483.62
平均	20312.24	9116.68	2281.93	162.52	2362.52	1787.31	851.64

注：表中“—”表示没有统计数据。